Michael Beißwenger

Online-Publishing für Studenten und Wissenschaftler

Michael Beißwenger

Online-Publishing für Studenten und Wissenschaftler

Rüstzeug und Know-how für das Publizieren wissenschaftlicher Beiträge im Internet

Die Deutsche Bibliothek – CIP-Einheitsaufnahme
Ein Titeldatensatz für diese Publikation ist bei
der Deutschen Bibliothek erhältlich.

ISBN-13:978-3-528-03381-1 e-ISBN-13:978-3-322-86646-2
DOI: 10.1007/978-3-322-86646-2

Softcover reprint of the hardcover 1st edition 2000

Der Verlag Vieweg ist ein Unternehmen der Fachverlagsgruppe BertelsmannSpringer.

www.vieweg.de

Höchste inhaltliche und technische Qualität unserer Produkte ist unser Ziel. Bei der Produktion und Auslieferung unserer Bücher wollen wir die Umwelt schonen: Dieses Buch ist auf säurefreiem und chlorfrei gebleichtem Papier gedruckt. Die Einschweißfolie besteht aus Polyäthylen und damit aus organischen Grundstoffen, die weder bei der Herstellung noch bei der Verbrennung Schadstoffe freisetzen.

Konzeption und Layout des Umschlags: Ulrike Weigel, www.CorporateDesignGroup.de
Druck- und buchbinderische Verarbeitung: Lengericher Handelsdruckerei, Lengerich
Gedruckt auf säurefreiem Papier

Inhaltsverzeichnis

Vorwort

„Neue Medien" in Studium und Wissenschaft

Mit dem Einzug des WWW (World Wide Web) in viele Bereiche des öffentlichen und alltäglichen Lebens entdecken in den letzten Jahren zunehmend auch die Universitäten und Wissenschaften die Möglichkeiten von Computer- und Netzwerkeinsatz zur Kommunikation und Informationsaufbereitung sowie zur Produktion und Publikation von Fachprojekten. Insbesondere CD-ROM-Publikationen und Internet-Präsentationen erfreuen sich hierbei in jüngster Zeit verstärkter Nutzung und stellen mittlerweile bereits sogar schon einen eigenen Markt mit neuen Berufsfeldern dar. Auch die Dokumentation von akademischen Forschungsprojekten und universitärer Lehre erfährt in diesem Zusammenhang immer weitere Verbreitung.

Wissenschaft im Netz:
Seminar-, Examens-, Magister-, Diplomarbeiten und Dissertationen

Daneben haben bereits viele Studenten und junge Wissenschaftler die Online-Medien als eine Publikationsplattform erkannt, auf welcher sich eigene fachliche Qualitäten und Leistungen ökonomisch und selbstverantwortet einer breiten Öffentlichkeit vorstellen lassen: Die Zahl der im „Web" veröffentlichten Seminar-, Examens-, Magister- und Diplomarbeiten aus dem Bereich der Geistes-, Natur-, Sozial- und Verhaltenswissenschaften wächst ebenso stetig wie die Anzahl der Internet-Dienste, die es sich zur Aufgabe machen, die online verfügbaren Ressourcen einzelner Fächer zusammenzutragen und zu vernetzen. Viele Universitäten bemühen sich mittlerweile um die Formulierung von Standards, nach denen in Zukunft auch die Veröffentlichung von Dissertationen und anderen Karrierearbeiten in elektronischer Form zulässig sein soll.

Online-Publishing:
Rüstzeug und Know-how

Um im Internet bzw. in elektronischen Medien selbst publizistisch hervortreten zu können, ist es zum einen notwendig, über grundlegende Kenntnisse hinsichtlich der Funktionsweise solcher Medien zu verfügen, und zum anderen, mit der Auszeichnungssprache HTML (*Hyper Text Markup Language*) vertraut zu sein, die es ermöglicht, Texte, Textformate und Multimedia-Konzepte in eine Form zu überführen, die von einem Internet-Browser interpretiert und angezeigt werden kann. Um eigene Angebote in einer ebenso optimalen wie ansprechenden Form „online" zu präsentieren, ist es darüber hinaus ratsam, sich einen Überblick zu verschaffen über die spezifischen Unterschiede,

Möglichkeiten und Vorteile, die das „neue" Medium gegenüber den traditionellen (Print-)Medien aufweist.

Zielsetzung und Ausgangspunkt dieses Buches

Ziel dieses Buches ist es, seine Leser zu einem selbstständigen und gewinnbringenden Publizieren im Internet zu befähigen, indem es auf anschauliche Art und Weise in die Techniken der Konzeption, Erstellung und Gestaltung von WWW-Dokumenten und so genannten „Hypertexten" einführt. Spezielle Computer- oder Programmierkenntnisse werden hierbei nicht voraus gesetzt. Vielmehr setzt dieses Buch da an, wo Studenten und Wissenschaftler in Studium, Forschung und Lehre tätig sind: Bei der Erstellung und Bearbeitung von Texten. Somit genügt es für ein Verständnis der auf den folgenden 160 Seiten dargestellten Inhalte völlig, über Grundkenntnisse im Umgang mit einem herkömmlichen Textverarbeitungsprogramm (z.B. WORD FÜR WINDOWS) zu verfügen und schon einmal mit einem Internet-„Browser" (z.B. MICROSOFT INTERNET EXPLORER ODER NETSCAPE NAVIGATOR) einen Blick ins World Wide Web geworfen zu haben.

Kapitel 1/2: *Publizieren im Internet – HTML*

Kapitel 1 erläutert die Hintergründe und Chancen des Publizierens im Internet. Kapitel 2 erklärt die Funktionsweise von HTML als der „Sprache" des World Wide Web.

Kapitel 3: *Schritt für Schritt zum eigenen Internet-Auftritt. Die eigene Homepage*

In Kapitel 3 wird zunächst das „Rüstzeug" vorgestellt, welches bei der Erstellung eigener WWW-Angebote hilfreich sein kann (Editoren wie FRONT PAGE, DREAM WEAVER und HOME SITE). Prinzipiell ist, um im Internet publizieren zu können, die Anschaffung kostspieliger Software aber *nicht* erforderlich: HTML-Dokumente lassen sich ebenso gut in einem einfachen Texteditor erstellen, der auf jedem Betriebssystem verfügbar ist. Der zweite Teil von Kapitel 3 umfasst eine ausführliche Beschreibung derjenigen HTML-Elemente, die für das Erstellen einer eigenen Homepage oder die Aufbereitung einer wissenschaftlichen Arbeit zur Online-Publikation grundlegend sind.

Kapitel 4: *Die eigene wissenschaftliche Arbeit als Online-Publikation*

Kapitel 4 beschäftigt sich gezielt mit den unterschiedlichen Präsentationskonzepten, die für die Planung und Realisierung eines komplexen WWW-Angebots (wie z.B. einer wissenschaftlichen Arbeit) in Betracht kommen. Ein Schwerpunkt liegt hierbei auf dem „Hypertext"-Konzept. Daneben werden grundsätzliche Hinweise gegeben zur effektiven Planung von Hyperlinks sowie zur Einrichtung einer optimalen Benutzerführung. Neben grundlegenden Erläuterungen zu den einzelnen Konzepten bietet dieses Kapitel ausführliche praktische Anleitungen zu deren jeweils bestmöglicher Umsetzung.

Kapitel 5:
Going online...

Kapitel 5 beschreibt zu guter Letzt, wie ein selbst erstelltes Angebot dann tatsächlich ins „Netz" gelangt und gibt Tipps, wie es sich nach seiner Veröffentlichung am sinnvollsten im WWW bekannt machen lässt.

Die Darstellung wird ergänzt um ein Literaturverzeichnis, das ausgewählte Titel zum Weiterlesen bietet, sowie ein Verzeichnis der Stichworte und HTML-Elemente, die in diesem Buch erwähnt und beschrieben sind.

Online-Service

Dieses Buch wird begleitet von einem Online-Service, auf dessen Seiten Links zu WWW-Ressourcen und interessanten Online-Angeboten rund um das Publizieren im Internet zusammengestellt sind. Sie finden diesen Service im World Wide Web unter http://orion.spaceports.com/~online/

Für verschiedenerlei Rat, Tat und Ermunterung bei der Konzeptualisierung und Realisierung dieses Buches danke ich DANIEL FISCHER, ASTRID FRANK, BORIS KÖRKEL, THIEMO LAUBACH, REINHARD MAYER, ALEXANDRA ROTH und ANGELIKA STORRER. Bei der Frage nach der bestmöglichen Form der Darstellung des Gegenstandes waren mir vielfach Erfahrungen hilfreich, die ich im Rahmen meiner Kurse „Neue Medien für Germanisten" im Wintersemester 1999/2000 und „Wissenschaftliches Publizieren und Recherchieren im Internet" im Sommersemester 2000 an der Universität Heidelberg sammeln konnte. Den Teilnehmern dieser Lehrveranstaltungen sei auf diesem Wege ebenfalls für mancherlei Anregungen und Rückfragen gedankt.

1 Publizieren im Internet

1.1 Von der Rechenmaschine zum Netzwerk-PC – Ein Überblick über die Entwicklung elektronischer Medien als Vorgeschichte[1]

Computernutzung gestern und heute

Seit dem Aufkommen von Computernetzwerken und der damit einhergehenden Etablierung plattformunabhängiger Übertragungsprotokolle zum effizienten und weltweiten Datentransfer ist hinsichtlich der Nutzungsmöglichkeiten von Computertechnologie ein Wandel feststellbar, in dessen Rahmen Computer neben ihrer urspünglichen Konzeption als Medien zur Daten*speicherung* mehr und mehr auch als Medien zum Daten*austausch* in den Blick geraten sind und Bedeutung erhalten haben. Daneben ist seit den frühen 80er-Jahren in der Entwicklung von Computer-Hardware ein Trend zu beobachten, der von Computern als ursprünglich monströsen, kostspieligen und aufwändig zu bedienenden Rechenmaschinen über den ersten IBM-Personalcomputer (PC) mit Intel-Prozessor (1981) bis hin zu immer presigünstigeren und kompakteren PC-kompatiblen Rechnern führte. Zudem begannen sich diese PCs durch die Entwicklung von immer einfacher zu bedienenden Betriebssystemen und Benutzerschnittstellen sehr schnell von ihrer ursprünglichen, begrenzten und exklusiven Benutzerklientel zu lösen und als Medium zur Vereinfachung von Arbeitsprozessen, sowie zur Datenverarbeitung und -sicherung zunehmend auch das Interesse privater Nutzergruppen anzusprechen, was dazu führte, dass heutzutage der Einsatz von Computertechnologie in weiten Teilen des öffentlichen und privaten Lebens zum Alltag gehört und kaum ein spezielles technisches Know-how oder fundierte Informatik-Kenntnisse mehr erfordert.

Ein Massenmedium „neuen Typs“

Mit dieser Popularisierung von Computernutzung und deren Einzug in nahezu alle Bereiche der Gesellschaft und des öffentli-

[1] Dieser Abschnitt ist eine erweiterte Fassung des einleitenden Kapitels zu meinem Buch *Kommunikation in virtuellen Welten: Sprache, Text und Wirklichkeit.* Stuttgart: ibidem 2000.

chen Lebens war es abzusehen, dass Computer – bei Entwicklung entsprechender Programme zu ihrer Vernetzung – früher oder später ein Medium darstellen würden, das sich aufgrund seiner vielseitigeren Einsetzbarkeit als imstande erweisen sollte, zu herkömmlichen Kommunikationsmedien jeder Art (Zeitung, Rundfunk, Fernsehen, Telefon, Fax, Briefverkehr) in ernstzunehmende Konkurrenz zu treten. Seit dem Aufkommen des Internet mit unzweifelhafter Tendenz zu einer Etablierung als Massenmedium „neuen Typs" ist absehbar, dass in näherer Zukunft der Multimedia-PC mit Netzanschluss die Funktionen und Aufgaben dieser gewohnten Medien in sich vereinen wird, um als vielseitiges und leistungsfähiges Dienstleistungsgerät die effiziente und kostengünstige Abwicklung unterschiedlichster Formen von Kommunikation und Informationsaustausch zu revolutionieren.

Bild 1.1: vernetzter Multimedia-PC

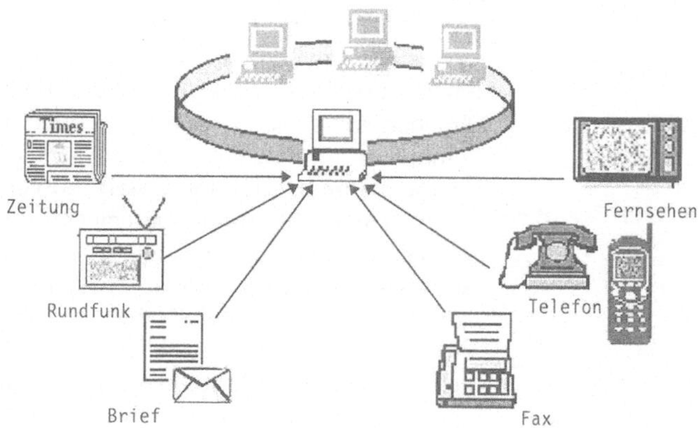

Computernetzwerke

Erste Ideen, Computer zu vernetzen, um Daten in dezentralen Strukturen zu organisieren, wurden bereits in den 50er-Jahren formuliert, also zu einer Zeit, da die Computernutzung noch mit enormen Kosten verbunden und daher in der Hauptsache Militär- und Wissenschaftskreisen vorbehalten war. Erste Realisierungen eines Zusammenschlusses von Rechnern zu Zwecken des Datentransfers sind denn auch bereits schon in den 60er-Jahren im Rahmen aufwändiger Forschungsprojekte (namentlich der *Advanced Research Projects Agency* (ARPA) des US-Verteidigungsministeriums) zu verzeichnen, blieben jedoch zunächst und in der Folge auf eine kleine Anzahl an Rechnern und sehr spezielle Nutzungszusammenhänge beschränkt. Grundlage für die Realisierbarkeit eines Datentransfers zwischen Computern waren allerdings bereits – damals wie heute – sogenannte *Proto-*

kolle. Diese Protokolle, die im Laufe der Jahre mehr und mehr optimiert wurden, definieren Prozeduren für einen sinnvollen Austausch von Daten. In ihnen sind diejenigen Regeln und Konventionen festgelegt, anhand derer zwei Rechner als „kommunizierende Einheiten" – ähnlich Diplomaten – über die Herausgabe und den reibungslosen Ablauf einer Übermittlung von in ihrem Besitz befindlichen Datenpaketen verhandeln. Die Leistungsfähigkeit eines Rechnernetzes steht und fällt mit der Tauglichkeit der im Übertragungsprotokoll festgelegten Konventionen, die notwendig sind, damit einerseits eine Einheit A an eine Einheit B Daten übergeben und andererseits Einheit B die von A erhaltenen Daten adäquat weiterverarbeiten kann.

Die „Geburt" des Internet

Von den ersten Computernetzwerken der 60er-Jahre bis hin zum heutigen Internet als weltweit größtem Netzwerkverbund war es jedoch noch ein weiter Weg. Erst mit der Entwicklung des TCP/IP-Übertragungsstandards (*Transmission Control Protocol/Internet Protocol*), der es (ab etwa 1980) erlaubte, Rechner mit unterschiedlichsten Hardwareprofilen zusammenzuschließen und somit den Weg zu einer prinzipiell universalen Vernetzung von Computern eröffnete, kann von der eigentlichen "Geburt" des Internet als eines Netzwerks mit der Tauglichkeit zum Massenmedium gesprochen werden. TCP/IP organisiert den Transfer von Daten in kleinen, autonom durchs Netz „reisenden" Paketen und kontrolliert die Wiederzusammenführung dieser Dateneinheiten auf dem jeweiligen Zielrechner. Die Anforderung, Übermittlung und Weiterleitung von Daten erfolgt hierbei auf der Grundlage einer „Client-Server-Architektur" zwischen Rechnern, die, um ein im Netz verfügbares Datenangebot nutzen zu können, auf andere Rechner zugreifen müssen (*Clients*) und Rechnern, die diese Datenangebote bereitstellen und auf Anforderung an die Clients übermitteln (*Server*).

Das *World Wide Web*

Seinen eigentlichen Aufschwung zu einem global und von einer explosiv ansteigenden Teilnehmerzahl genutzten Medium erlebte die Netzwerktechnologie dann vor allem ab dem Aufkommen des *World Wide Web* (WWW) als eines hypertextuell organisierten Internet-Dienstes, der aufgrund einer einfach handhabbaren Zugangssoftware („Browser") nur noch minimale Bedienungskompetenz und Nutzungsvoraussetzungen erfordert. Vorsichtige Schätzungen gehen davon aus, dass im Jahr 2001 weltweit über 200 Millionen Menschen an diesem Netzwerk teilhaben werden.

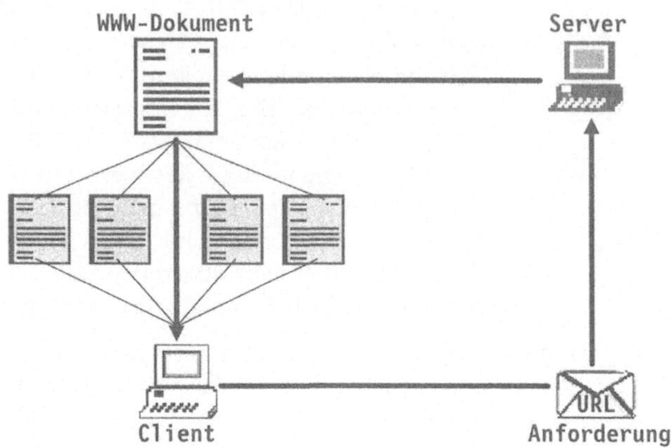

Bild 1.2: Anforderung und Übermittlung eines WWW-Dokuments nach dem *Client-Server*-Prinzip

1.2 Das WWW als globale Ressourcenbasis

Was Ihnen das World Wide Web als Nutzer bietet

Jeder der permanent an das Internet angeschlossenen Rechner ist weltweit über eine eindeutige Adresse identifizierbar und kann somit von jedem beliebigen anderen Rechner aus angesprochen werden. „Einen Rechner ansprechen“ bedeutet in diesem Zusammenhang soviel wie „einen Rechner kontaktieren und eine bestimmte Anfrage bzw. Datenanforderung an ihn richten“. Auf diese Weise ist jedes Angebot, das auf einem WWW-Server deponiert ist, prinzipiell von jedem Punkt des Netzes aus abrufbar. Der internetfähige Heimcomputer wird somit gewissermaßen zum Terminal eines weltweiten digitalen Bibliothekssystems, das jedwede Ressource, die das WWW zu bieten hat, unter einer festen Sigle und Signatur recherchierbar und per Mausklick verfügbar macht. Zudem erlauben es Kommunikationssysteme wie E-Mail oder Newsgroups, neben dem Abrufen und Lesen von online erreichbaren Dokumenten auch direkt mit deren Autoren und Anbietern in Kontakt zu treten. Gerade für die wissenschaftliche Fachkommunikation eröffnen sich dadurch neue Möglichkeiten zum ebenso schnellen wie grenzenübergreifenden Austausch von Projektergebnissen und Diskussionsbeiträgen.

1.3 Die 'digitale Bibliothek' nutzen und eigene Texte online anbieten

Was Ihnen das World Wide Web als Autor bietet

Auch die Konzeption, Einrichtung und kreative Aufbereitung der eigenen Internet-Präsenz lässt sich problemlos und per Mausklick an jedem PC vornehmen, der über eine Netzanbindung und ein Minimum an erforderlicher WWW-Software verfügt. Der heimische PC stellt somit neben den Voraussetzungen für die Nutzung von Online-Angeboten auch die Voraussetzungen für die Publikation eigener WWW-Projekte bereit. Sei es nun die Einrichtung einer eigenen Homepage, sei es die Aufbereitung eigener wissenschaftlicher Arbeiten oder die Dokumentation individueller Forschungsinteressen – die praktische Umsetzung von Ideen für eigene WWW-Angebote erfordert im Grunde nicht mehr als zum einen ein grundlegendes Verständnis der Auszeichnungssprache HTML als konventionellem Standard für die Codierung von Informationsangeboten im WWW und zum anderen ein gewisses Know-How im Umgang mit Editoren und Programmen, die die Erstellung und Bearbeitung solcher HTML-Codes erleichtern und mittels komfortabler Benutzeroberflächen einfach handhabbar machen.

Vorteile des Online-Publizierens

Die Vorteile einer Publikation von wissenschaftlichen Arbeiten und Fachprojekten im Internet lassen sich wie folgt zusammenfassen:

Online-Publikationen sind ***global erreichbar***.

Ein Text ist nicht mehr über einen bestimmten Verlag oder Bibliotheken zu beziehen, sondern unter einer eindeutigen Adresse (dem *Uniform Resource Locator*, kurz: *URL*) weltweit von jedem, der über einen Internet-Zugang verfügt, bequem und jederzeit von zuhause aus erreichbar.

Online-Publikationen sind ***kostengünstig***.

Lektorats- und Verlagsgebühren sowie die von den Verlegern oftmals verlangten Herstellungs- und Druckkostenzuschüsse (die gerade bei Dissertationen bisweilen extrem hoch liegen) entfallen.

Online-Publikationen sind ***schnell und unbürokratisch realisierbar***.

Die oftmals erheblichen Zeitspannen zwischen Fertigstellung und Veröffentlichung von Manuskripten entfallen. Der Austausch und die Diskussion fachlicher Ergebnisse – bislang immer von den Erscheinungsterminen der Verlagsindustrie abhängig – werden dadurch beschleunigt.

Online-Publikationen lassen sich ***selbstverantwortet*** *erstellen und veröffentlichen.*

Form, Inhalt, Aufbau und Aufmachung sind nicht vom Urteil oder der Zustimmung Dritter abhängig. Der Autor ist somit zugleich auch sein eigener Verleger. Da kommerzielle Interessen für das Ob und Wie der Veröffentlichung wissenschaftlicher Arbeiten im WWW nicht ausschlaggebend sind, kann die Art der Präsentation und Aufmachung rein gegenstandsbezogen konzipiert werden, ohne Rücksicht auf ökonomische und marktstrategische Positionen nehmen zu müssen.

Online-Publikationen sind ***aktuell und jederzeit aktualisierbar****.*

Eine Online-Publikation kann jederzeit mit geringem Aufwand auf den neuesten Stand gebracht werden. Während bei Druckerzeugnissen die Aktualisierung eines Textes oder Datenbestandes jeweils auf die (meist kostenintensive) Herstellung einer kompletten Neuauflage (und damit zugleich auf das Wohlwollen des jeweiligen Verlegers) angewiesen ist, sind WWW-Angebote insofern progressiv, als sie nach Belieben revidiert, überarbeitet, ergänzt oder weiterentwikkelt werden können. Eine WWW-Ressource kann somit im Laufe der Zeit „wachsen", während im Printmedium die Veröffentlichung neuer Erkenntnisse oder ergänzender Informationsangebote stets die Erarbeitung und Bereitstellung eines neuen (und teuren) Werkes erfordert.

Online-Publikationen sind ***interaktiv****.*

Das Medium bietet aufgrund der in ihm verfügbaren Kommunikationsdienste attraktive Möglichkeiten zu einem schnellen und effizienten Austausch, der über das bloße Anbieten von Informationsangeboten hinausreicht: In die Präsentation eines Online-Angebots lassen sich durch die Integration von E-Mail-Funktionen oder die Verknüpfung mit Foren- und Chat-Diensten Möglichkeiten einbinden, die dem interessierten Benutzer die Kontaktaufnahme mit dem Autor und dem Autor den Dialog mit den Lesern seiner Texte ermöglichen.

Online-Publikationen sind ***innovativ****.*

Durch neue Möglichkeiten der Datenpräsentation entstehen neue Formen der Wissensdarbietung und -vermittlung, die nicht nur für eine optimale visuelle Darstellung von Gegenständen genutzt werden können, sondern auch für eine Form der Darbietung, die sich an den Bedürfnissen verschiedener Typen von potentiellen Benutzern orientiert.

2 Die Grundlage: HTML – Die Sprache des WWW

Um eigene Texte und Angebote in WWW-fähige Dateien zu überführen, bedarf es keiner Programmierkenntnisse im herkömmlichen Sinne. Durch den spezifischen Aufbau des Internet aus verschiedenen Protokollschichten und aufeinander aufsetzenden Dienstprogrammen sind die grundlegende Struktur des Netzes, der Verbindungsaufbau zwischen den beteiligten Rechnern sowie die Modalitäten der Datenübertragung und -verarbeitung bereits soweit vorgegeben, dass man sich bei der Erstellung eigener WWW-Dokumente darüber keine Gedanken mehr zu machen braucht. Um diese Dokumente auf dem Computerbildschirm darstellbar zu machen, ist es allerdings notwendig, bei ihrer formalen Gestaltung denjenigen Konventionen zu genügen, die von den so genannten *Browserprogrammen* interpretiert werden können.

Browser

Als *Browser* bezeichnet man diejenigen Programme, die auf einem PC installiert sein müssen, um WWW-Seiten abzurufen und grafisch darzustellen. Die gängisten Vertreter sind der MICROSOFT INTERNET EXPLORER, der in der Regel in allen neueren WINDOWS-Versionen bereits vorinstalliert ist, sowie der Browser, den NETSCAPE mit seinem NAVIGATOR- bzw. COMMUNICATOR-Paket anbietet (siehe Bild 2.1) und der als Alternative zu den MICROSOFT-Produkten kostenlos aus dem Internet heruntergeladen und problemlos sowohl auf WINDOWS- als auch auf LINUX-Betriebssystemen installiert werden kann.

Die besagten Konventionen, nach denen diese Programme WWW-Dokumente verarbeiten und zur Anzeige bringen, folgen einem großenteils einheitlichen Standard zur Codierung von Formatangaben, die die Text- und Absatzeinrichtung, die Struktur und das Design der jeweils darzustellenden Texteinheiten betreffen. Diese codierten Angaben werden unmittelbar in den darzustellenden Text eingebunden. Für die Anzeige auf dem Computerbildschirm werden die Angaben vom Browser dann decodiert, interpretiert und in die dem Standard entsprechenden Formatierungen umgesetzt. Somit stellt das, was man gemeinhin unter einer "WWW-Seite" versteht, bereits die von einem Browser interpretierte Version des zugrunde liegenden Dokuments dar; während das eigentliche Dokument (der so genannte *Quelltext*) codierte Informationen enthält, die den Browser über die Darstellung des jeweiligen Inhalts instruieren, erscheinen bei der Anzeige des Dokuments auf dem Bildschirm diese Informationen nicht mehr als Codes, sondern in Form grafisch realisierter Formatierungen (z.B. Schriftgröße, Schriftart, Schriftfarbe, Hervorhebungen, Blocksatz, Hintergrundfarbe, bis hin zur Realisierung bestimmter Textsegmente als *Links* und zur Einbindung von Grafik- und Multimediadateien).

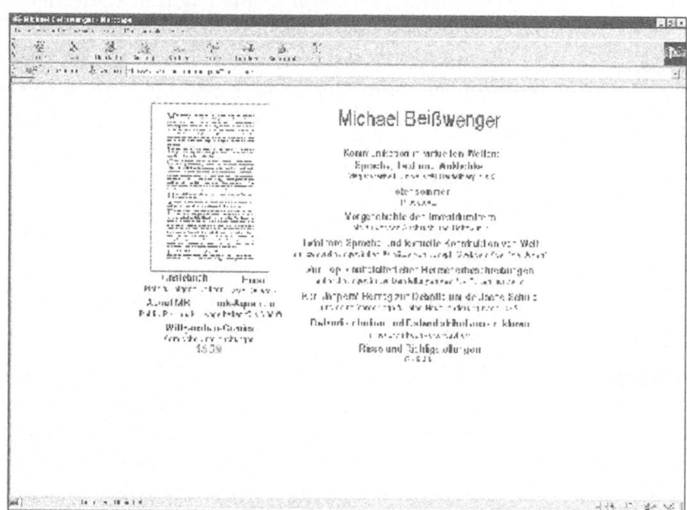

Bild 2.1: Der Browser im NETSCAPE COMMUNICATOR

Eine formale Sprache zur Codierung von Formatierungsangaben

Die Konventionen, nach denen Formatierungsangaben im Quelltext von WWW-Dokumenten zu codieren sind, bilden insgesamt ein wohldefiniertes System von Auszeichnungsprinzipien und somit eine formale Sprache, die als *Hyper Text Markup Language* – kurz: *HTML* – bezeichnet wird. Die codierten Angaben (die sogenannten *Tags*), die an jeweils entsprechender Stelle in den Quelltext von WWW-Dokumenten eingefügt werden, folgen einer eindeutigen Syntax und werden grundsätzlich in spitze Klammern ("<...>") gesetzt, wodurch sie für den Browser als zu decodierende Angaben kenntlich gemacht und somit von dem für die Anzeige bestimmten Text unterschieden werden. Beispielsweise interpretiert ein Browser das Tag *<B>* **als Anweisung, den nachfolgenden Text fett darzustellen, und zwar bis zu derjenigen Stelle im Quelltext, an welcher diese Anweisung durch ein weiteres Tag** *</B>* wieder aufgehoben wird. Der folgende Ausschnitt aus dem Quelltext eines WWW-Dokuments

```
HTML ist eine formale Sprache zur <B>Codierung bzw.
konventionalisierten Spezifikation</B> von Text- und
Dokumentformaten.
```

würde also von einem Browser wie folgt auf dem Bildschirm zur Anzeige gebracht werden:

HTML ist eine formale Sprache zur **Codierung bzw. konventionalisierten Spezifikation** von Text- und Dokumentformaten.

Wird in einem Browser ein Dokument mit dem Dateikürzel **.htm* oder **.html* aufgerufen, so versucht das Programm automatisch, den Quelltext dieses Dokuments gemäß HTML-Standard zu interpretieren, indem es diesen nach spitzen Klammern durchsucht, um die darin eingeschlossenen Anweisungen auszulesen, zu decodieren und in Formatierungen umzuwandeln:

Syntax von HTML-Tags

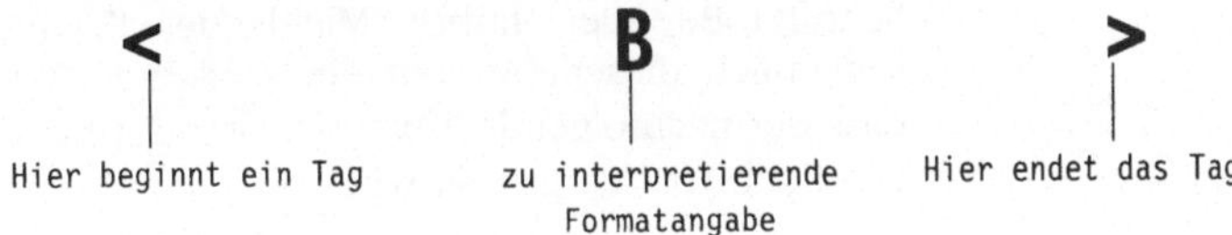

In obigem Beispiel, das das Tag für die Einleitung eines vom Browser halbfett darzustellenden Textsegments zeigt, handelt es sich um ein einfaches HTML-Element, insofern die Angabe innerhalb der spitzen Klammern lediglich aus einer Komponente besteht. Viele Angaben für anspruchsvollere Formatierungen verlangen allerdings komplexere Tags, die nach einer einheitlichen Syntax aufgebaut sind und die stets aus einem *Element* bestehen, das über *Attribute* näher spezifiziert wird. Den Attributen wiederum werden durch die Definition von *Parametern* feste Werte zugewiesen, mittels derer eine konkrete Angabe darüber gemacht wird, wie das darzustellende Textsegment, das dem Tag folgt, für die Anzeige formatiert werden soll. Prinzipiell kann HTML-Tags daher die folgende Syntax zugrunde gelegt werden:

```
< ELEMENT Attribut = „[Parameter]" >
```

Die hierarchischen Beziehungen zwischen *Element*, *Attribut* und *Parameter* lassen sich an folgendem Beispiel verdeutlichen, das ein Tag zeigt, welches festlegt, dass der nachfolgende Text in der Schriftart Arial angezeigt werden soll:

Bild 2.2: Hierarchische Struktur von Tags

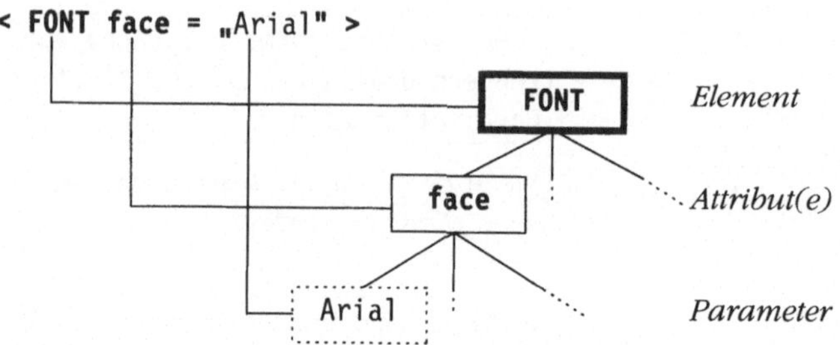

Das Element *FONT* gibt in diesem Beispiel an, auf welchen Aspekt des nachfolgenden Textes sich die Angabe bezieht, die im Tag formuliert ist, nämlich auf den Aspekt der *physischen Texteigenschaften* (und nicht etwa auf den Aspekt der Ausrichtung des Absatzes auf dem Bildschirm). Das nachgestellte Attribut *face* ist dem Element untergeordnet und spezifiziert eindeutig, auf *welche* der physischen Texteigenschaften Bezug genommen wird, nämlich auf die Schrift*art* (und nicht etwa auf die Schriftgröße oder -farbe). Mittels des Parameters „Arial" wird schließlich diesem Attribut ein konkreter Wert zugewiesen, so dass der nachfolgende Text vom Browser bei der Anzeige in der Schriftart Arial dargestellt wird.

Aufgrund der streng hierarchischen Beziehungen zwischen den Komponenten eines Tags ist es auch möglich, innerhalb eines Tags mehrere Formatierungsangaben zusammenzufassen, sofern sich diese sämtlich auf ein- und dasselbe Element beziehen. Da pro Tag nur ein Element auftreten darf, können somit innerhalb eines Tags (theoretisch) beliebig viele Attribute, die zur Spezifizierung dieses Elements zulässig sind, aneinandergereiht und mit Parametern belegt werden:

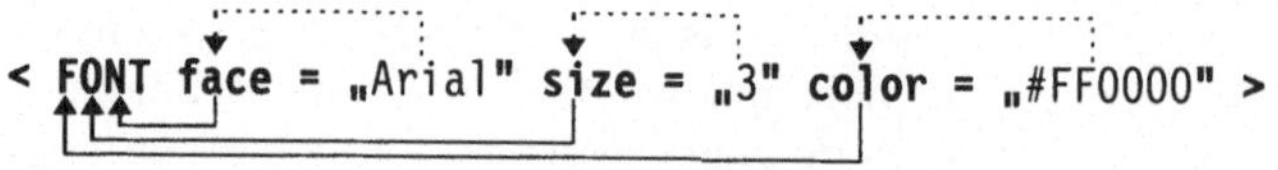

Bild 2.3: Hierarchische Struktur von Tags II

```
< FONT face = „Arial" size = „3" color = „#FF0000" >
```

Da Attribute nur in Verbindung mit einem Element verwendet werden können und ein Tag nur jeweils ein Element aufweisen darf, ist bei solchen Aneinanderreihungen von Attributen eindeutig, dass sich jedes von ihnen auf das zu eingangs stehende Element *FONT* beziehen muss. Parameter dagegen beziehen sich immer auf das ihnen jeweils vorangestellte Attribut, womit auch ihre Zuordnung unproblematisch ist.

Um Formatierungsangaben, wie sie in den Tags in Bild 2.2 oder 2.3 definiert wurden, an einer späteren Stelle des Dokuments wieder außer Kraft zu setzen, genügt – eben aufgrund der streng hierarchischen Struktur – ein einfaches

</FONT> ,

da die Aufhebung eines Elements automatisch auch die Aufhebung sämtlicher Angaben, die für die von ihm abhängigen Attribute deklariert wurden, nach sich zieht.

Erstellen von HTML-Dokumenten in Text-Editoren

Dadurch, dass mittels HTML lediglich Formatierungs*angaben* generiert werden, die sich sämtlich aus den auf jeder herkömmlichen PC-Tastatur verfügbaren Standardzeichen erzeugen lassen, ist man bei der Erstellung von HTML-Code prinzipiell auf keine bestimmte Software angewiesen. Grundsätzlich lassen sich Quelltexte für WWW-Seiten daher mit jedem simplen Text-Editor erzeugen (beispielsweise mit dem Programm EDITOR unter MICROSOFT WNDOWS 3.x/95/98 und WINDOWS NT). Beim Abspeichern eines in einem solchen Editor erstellten Dokuments ist lediglich darauf zu achten, anstatt des für Textdokumente gebräuchlichen Dateikürzels **.txt* das Kürzel **.htm* oder **.html* an den Dateinamen anzuhängen, damit der Browser beim späteren Lesen und Interpretieren den Quelltext als HTML identifizieren kann.

HTML-Editoren

Mittlerweile gibt es eine kaum mehr überschaubare Zahl an Softwareangeboten, die darauf abzielen, das Erstellen von HTML-Quellcode zu erleichtern und/oder auf eine ähnliche Art und Weise handhabbar zu machen wie etwa die Erstellung anspruchsvoll gestalteter Textdokumente in WORD FÜR WINDOWS. Eine Auswahl der Typen und gängisten Vertreter solcher HTML-Editoren wird in Kapitel 3.1 vorgestellt.

3 Der erste Internet-Auftritt: Die eigene Homepage

Dieses Kapitel beschreibt das Rüstzeug und Know how, das Sie benötigen, um eigene Dokumente, Ideen und Projekte für eine Online-Publikation vorzubereiten.

Kapitel 3.1 bietet einen exemplarischen Überblick über Software-Angebote, die Sie für die Erstellung und Gestaltung von WWW-Seiten nutzen können und erläutert deren Unterschiede, Möglichkeiten und Grenzen.

Kapitel 3.2 beschreibt die Grundlagen und wichtigsten Elemente von HTML und begleitet Sie bei der Vorbereitung Ihres ersten Online-Auftritts mit einem korrekt erstellten HTML-Dokument, beispielsweise der eigenen Homepage oder einem wissenschaftlichen Text mittlerer Länge. Die einzelnen Auszeichnungs- und Aufbereitungsschritte werden hierbei ausführlich an Beispielen dokumentiert und anhand von Abbildungen veranschaulicht.

3.1 Das Rüstzeug: Editoren für die Dokumentauszeichnung mit HTML

„Gutes" HTML ist keine Kostenfrage

Wer sich mit dem Gedanken trägt, sich Kenntnise über das Publizieren im Internet anzueignen, begegnet der Aussage, dass man dazu *eigentlich* keine spezielle Software benötige, in der Regel mit einem skeptischen „Ja, *aber...*". Dies liegt daran, dass nicht wenige prominente Hersteller von Programmen und Software-Tools in der Bewerbung ihrer Angebote den Eindruck vermitteln, dass man ohne die Verwendung eines ganz bestimmten (meist teuren) Produkts kaum in der Lage sei, wirklich brauchbare HTML-Dokumente zu erzeugen. Gerade unerfahrene Internet-„Neulinge" lassen sich durch solcherlei Werbestrategien oftmals allzu leicht verunsichern. Daher zunächst einmal vor allem anderen die folgende Klarstellung: HTML „gehört" nicht einem bestimmten Hersteller. Daher ist man für ein gewinnbringendes Erstellen von WWW-Dokumenten auch nicht abhängig von einem bestimmten Produkt. Wenn in Internet-Zeitschriften und/oder Werbeanzeigen die Rede ist von „der ultimativen Lösung für Power-HTML" oder „WWW-Design für jedermann", so besagt dies zunächst einmal nicht viel mehr, als dass hier jemand mit einem starken kommerziellen Interesse ein Produkt verkaufen möchte. Denn HTML ist auch *ohne* ein bestimmtes Programm „jedermann" zugänglich und das Erstellen durchdachter, effizienter und browserlesbarer Formatierungsanweisungen in HTML kann in einem einfachen Programm, das auf Ihrem System bereits verfügbar ist, die selbe „Power" haben wie in einem Programm, für das Sie erst eine Menge Geld ausgeben müssen. Denn HTML ist im Grunde nicht besonders kompliziert und daher auch recht einfach zu erlernen. Mit ein bisschen Übung sollte es daher kein großes Problem darstellen, zufriedenstellend aufgemachte WWW-Seiten auch mit einem ganz einfachen Programm wie etwa dem WINDOWS EDITOR zu erzeugen. Auf jeden Fall sollte die Entscheidung für oder gegen eine Beschäftigung mit Online-Publishing und HTML nicht von einer Kostenfrage abhängig gemacht werden (da sich eine solche – wie gesagt – eigentlich nicht stellt).

Beim Erstellen bzw. Bearbeiten von HTML-Dokumenten in einem Texteditor sollte auf die formale Korrektheit der Tags ein besonderes Augenmerk gelegt werden: Bereits ein aus Flüchtigkeit vergessener Slash ("/") oder eine versehentlich nicht mit spitzer Klammer umschlossene Formatierungsangabe kann unter Umständen erhebliche (und bisweilen verheerende) Auswirkungen auf die Anzeige des jeweiligen Dokuments im Browser haben. Das Risiko, dass sich Fehler einschleichen, ist beim Arbeiten in einem reinen Text-Editor also nicht zu unterschätzen und die Behebung dieser Fehler gestaltet sich – vor allem bei umfangreicheren Dokumenten wie z. B. wissenschaftlichen Arbeiten – bisweilen als extrem mühsam, da es sich bei dem missliebigen Erratum oftmals um nichts anderes handelt als um ein einziges vergessenes, aber für die Interpretierbarkeit höchst relevantes Zeichen (wie zum Beispiel die spitze Klammer).

Was Sie beim Arbeiten in einem reinen Text-Editor beachten müssen

In der Regel lassen sich Risiken dieser Art aber abmildern, wenn man es sich angewöhnt, – zumindest solange man sich noch in der „Lernphase" befindet – nach jeder neuen Änderung, welche man an einem Dokument vorgenommen hat, im Browser zu überprüfen, ob diese in der Anzeige auch tatsächlich realisiert werden kann. Ist dies nicht der Fall, so kann man das als Indiz dafür werten, dass der erzeugte Code noch einmal auf seine Korrektheit hin durchgesehen werden muss. Macht man es sich zur Regel, grundsätzlich jede Änderung im Quelltext auf ihre Browser-Tauglichkeit zu überprüfen, bevor man mit der Eingabe weiterer HTML-Anweisungen fortfährt, so bleibt im Falle eines Fehlers die Menge der als potentielle Fehlerquellen infrage kommenden Tags relativ überschaubar, so dass sich das Problem meist schnell auffinden und beheben lassen dürfte.

Für ein solches Vorgehen empfiehlt es sich, im Hintergrund permanent ein Browser-Programm geöffnet zu halten. Per Mausklick kann dann jeweils in dieses gewechselt werden. Zuvor müssen Sie allerdings die Änderungen im Dokument abgespeichert haben. Nachdem Sie Ihr Dokument zum ersten Mal im Browser aufgerufen haben, brauchen Sie für die darauf folgenden Überprüfungen des Anzeigeergebnisses jeweils lediglich den Button „Neu laden" (NETSCAPE) bzw. „Aktualisieren" (INTERNET EXPLORER) betätigen, um Ihre Änderungen sichtbar zu machen.

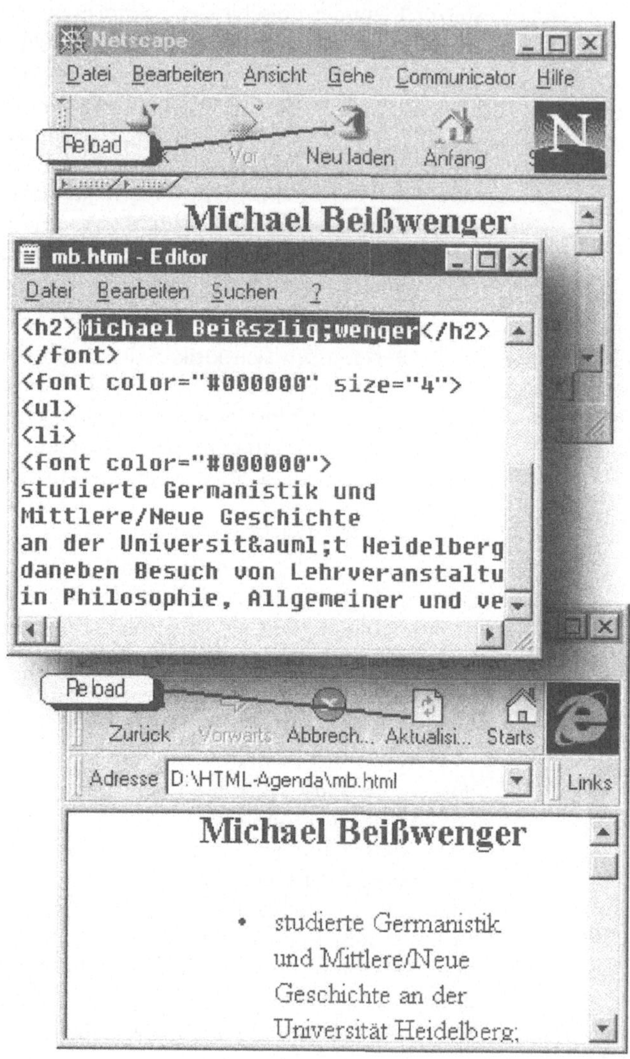

Bild 3.1: Erstellen und Bearbeiten von HTML-Dokumenten mit dem WINDOWS EDITOR – Beim Bearbeiten von HTML-Code in einem reinen Text-Editor sollten Sie Ihre Änderungen regelmässig im Browser überprüfen. Wenn Sie beim Arbeiten ein oder mehrere Browserprogramme „im Hintergrund“ geöffnet haben, genügt ein sogenannter „Reload“, um die jeweiligen Änderungen sichtbar zu machen.

Was leisten HTML-Editoren?

Quelltext-Editoren

Allerdings kann man sich durch spezielle Software-Angebote das Erstellen und „Basteln“ von WWW-Seiten ein wenig komfortabler gestalten lassen. So bieten Editoren, die speziell für die Generierung von HTML-Code gemacht sind, die Option, dass man nicht jedes einzelne Tag von Hand eintippen muss, sondern dass man sich die Syntax einzelner HTML-Komponenten per Mausklick erzeugen lassen kann. Anschließend braucht man dann nur noch den gewünschten Inhalt (also den im Browser in einer bestimmten Formatierung darzustellenden Text) in die dafür vorgesehenen Positionen des Codes einzufügen. Ein solcher Editor ist beispielsweise das Programm HOME SITE, das von der Firma ALLAIRE angeboten wird.

Bild 3.2: Der HOME SITE-Editor mit vielen hilfreichen Funktionen und Assistenten zum Erstellen von HTML-Dokumenten in der Quelltext-Ansicht. Um den jeweils erzeugten Code zu überprüfen, kann über einen Vorschau-Button direkt in den auf dem Rechner installierten Browser umgeschaltet werden.

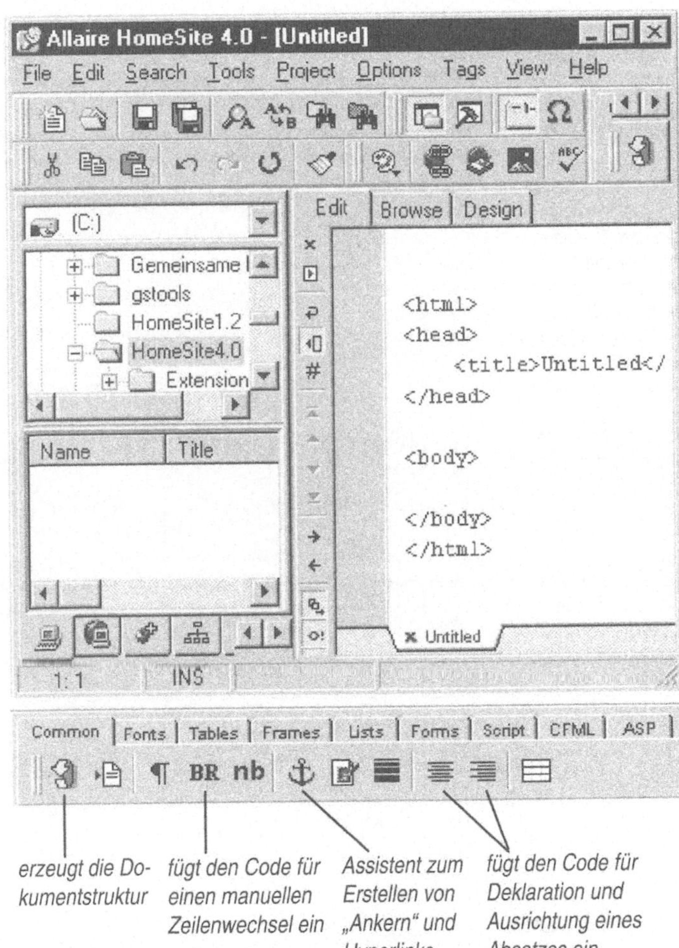

Bild 3.3: Symbolleisten in HOME SITE – zum Erzeugen von HTML-Tags per Mausklick (Beispiele)

WYSIWYG-Editoren

Des Weiteren gibt es eine Unmenge von Software-Angeboten, die es ermöglichen, direkt in der Online-Ansicht eines Dokuments zu arbeiten, d.h., so, wie beispielsweise in komfortablen Textverarbeitungsprogrammen (WORD FÜR WINDOWS u.Ä.) bestimmte Textsegmente zu markieren und diesen per Mausklick auf einen Button eine bestimmte Formatierung zuzuweisen, die dann unmittelbar angezeigt wird. Der eigentliche Quelltext wird hierbei automatisch erzeugt und kann (muss aber nicht) auf Wunsch eingesehen und eigenhändig korrigiert werden. Programme diesen Typs bezeichnet man als *WYSIWYG*-Editoren ('What You see is what you get'). MICROSOFTS FRONT PAGE-Programm oder auch der DREAM WEAVER des Anbieters MACROMEDIA sind hierfür prominente Beispiele.

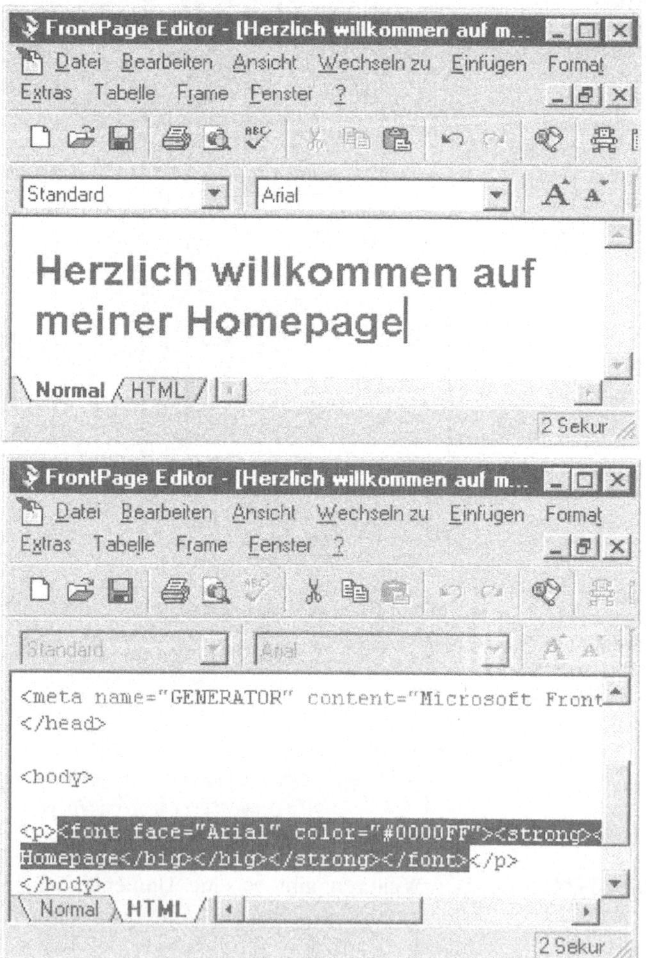

Bild 3.4: Der FRONT PAGE-Editor – Die Benutzeroberfläche ist ähnlich aufgebaut und enthält teilweise dieselben Schaltflächen wie andere Produkte aus der MICROSOFT OFFICE-Familie (z.B. WORD). Das Arbeiten mit FRONT PAGE ist daher für WINDOWS-erfahrene Anwender relativ leicht zu erlernen.

Bild 3.5: Der FRONT PAGE-Editor in der Quelltext-Ansicht

Bild 3.6: Der Editor DREAM WEAVER – Bei diesem Programm kann parallel in der Anzeige- und in der Quelltextansicht gearbeitet werden. Jede automatisch generierte Änderung lässt sich somit direkt im Quelltext nachvollziehen. Ebenso kann jede manuelle Änderung am HTML-Code unmittelbar hinsichtlich des Ergebnisses in der Anzeige überprüft werden.

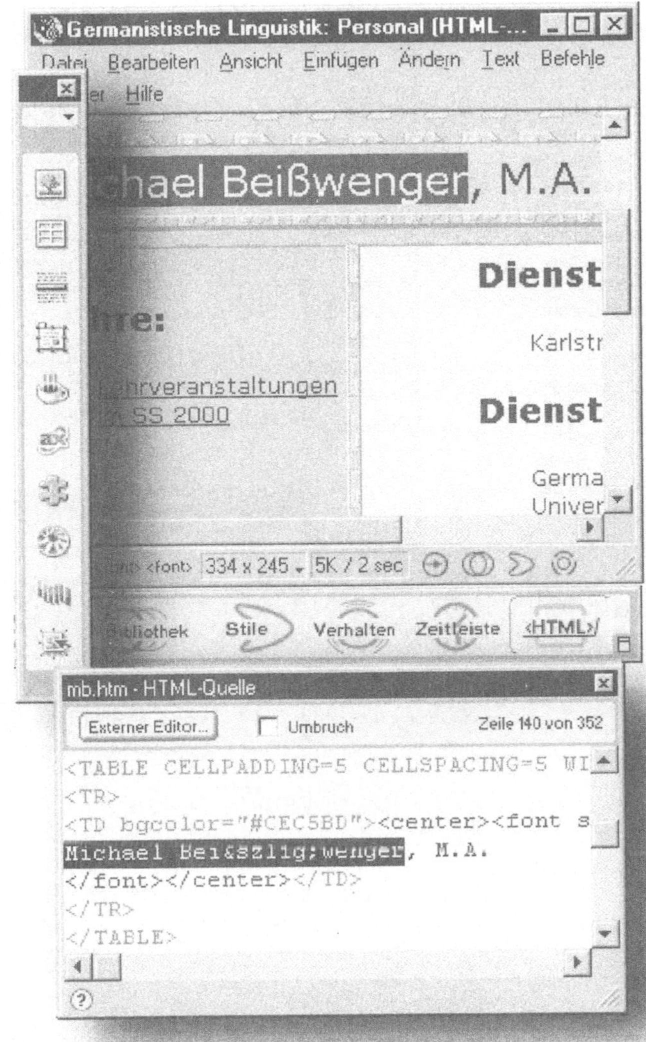

NETSCAPE bietet mit dem COMPOSER ebenfalls einen relativ einfach zu handhabenden WYSIWYG-Editor an, der standardmäßig als Komponente in das NETSCAPE COMMUNICATOR-Paket integriert ist.

Bild 3.7:
Der COMPOSER im NETSCAPE COMMUNICATOR – Über eine einfache grafische Benutzeroberfläche haben Sie auch hier die Möglichkeit, WWW-Seiten direkt in der Anzeigeansicht zu bearbeiten. Über die „Vorschau"-Option können Sie sich Ihr Dokument im NETSCAPE-Browser anzeigen lassen, über die Auswahl „Ansicht" → „Seitenquelltext" haben Sie die Möglichkeit, den Quelltext einzusehen (auch wenn dieser nicht direkt bearbeitet werden kann).

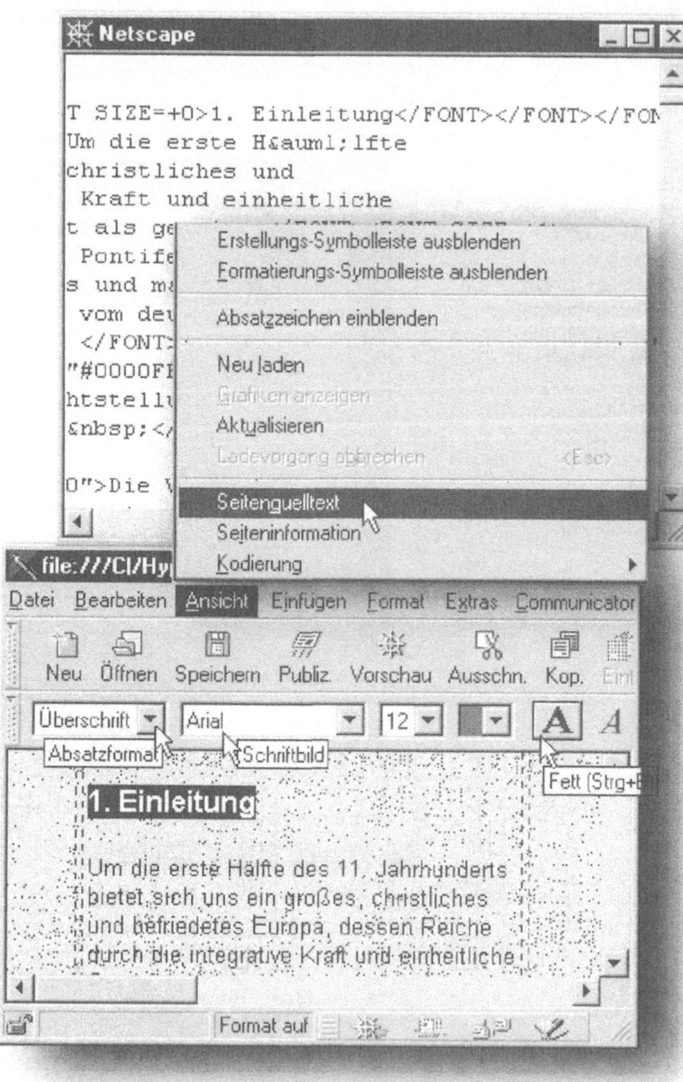

HTML-Konverter in anderen Programmen

Daneben bieten verschiedene Programme, die nicht primär für die Erstellung von HTML-Code vorgesehen sind, mittlerweile die Möglichkeit, Dokumente zu HTML zu konvertieren. WORD FÜR WINDOWS beinhaltet eine solche Option ab Version 97.

Bild 3.8: Gestaltung einer WWW-Seite in WORD FÜR WINDOWS

Bild 3.9: Abspeichern eines Dokuments als Webseite in WORD FÜR WINDOWS

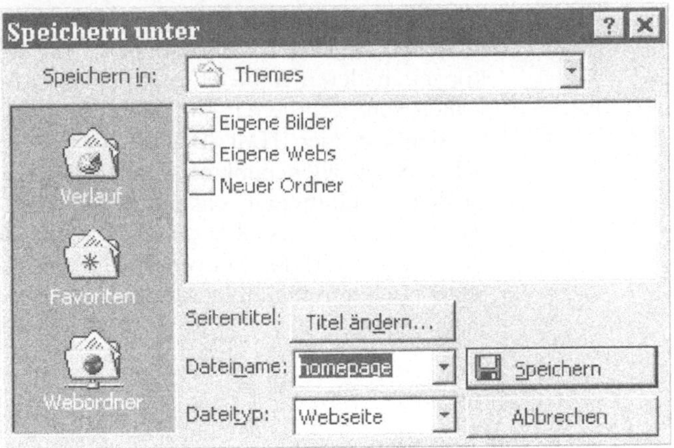

Prinzipiell ist zu bedenken: Je mehr Sie sich bei der Erstellung von HTML die Arbeit von einem Programm abnehmen lassen, um so mehr ist Ihr letztendliches Ergebnis (nämlich die Darstellung der jeweiligen WWW-Seite im Browser) abhängig von den Möglichkeiten und Grenzen dieses Programms. Daneben ist zu

„Browser-Krieg“ und HTML-„Dialekte“

berücksichtigen, dass hinsichtlich der Praktikabilität von HTML-Standards aufgrund der Auswirkungen des so genannten „Browser-Kriegs“ mit grundsätzlichen Unsicherheiten in der Darstellung von WWW-Seiten in Programmen unterschiedlicher Hersteller zu rechnen ist. Denn eine der „Waffen“ in diesem „Krieg“, bei dem es um Marktanteile geht, ist es (vor allem seitens der beiden großen Konkurrenten NETSCAPE und MICROSOFT), keine absolut identischen HTML-Standards zu unterstützen bzw. bestimmte HTML-Elemente anders umzusetzen als die Konkurrenz. Man spricht in diesem Zusammenhang auch von verschiedenen HTML-„Dialekten“. Insofern empfiehlt es sich grundsätzlich, selbst erstellte HTML-Dokumente nicht nur in *einem* Browser hinsichtlich ihrer Darstellung zu überprüfen, sondern mindestens in den beiden marktführenden Produkten, dem INTERNET EXPLORER und dem NAVIGATOR bzw. COMMUNICATOR. In diesem Punkt liegen auch die Grenzen von WYSIWYG-Editoren und anderen Programmen, die eine automatische Generierung von HTML-Code leisten: Stellt man bei der Überprüfung automatisch erstellter HTML-Dokumente in verschiedenen Browsern Abweichungen in der Darstellung fest, so gestaltet es sich bisweilen als relativ mühsam, herauszufinden, welche der vom Editor in den Quelltext geschriebenen Elemente oder Attribute diese Abweichungen bewirken. Insbesondere HTML-Programme und -konverter, deren Anbieter zugleich auch Browser-Hersteller ist, sollten von vorn herein nur unter der Einschränkung verwendet werden, dass der HTML-„Dialekt“, den diese generieren, vermutlich nicht in allen Punkten dem HTML-„Dialekt“ des jeweiligen Browser-Konkurrenten entsprechen dürfte. Generell sollte man daher bei der Erstellung von WWW-Seiten mit WYSIWYG-Editoren oder HTML-Konvertern die Notwendigkeit von manuellen Nachkorrekturen des HTML-Quelltextes von vorn herein miteinplanen.

3.2 Schritt für Schritt: Die wichtigsten HTML-Elemente und ihre Erzeugung

3.2.1 Die HTML-Deklaration

Als grundlegendes Element eines zu erstellenden Quelltextes für ein WWW-Dokument sollte stets eine Deklaration derjenigen Sprache gesetzt werden, nach deren Vorgaben seitens des Browsers die Interpretation des Textes vorgenommen werden soll. Da wir im folgenden mit der Auszeichnungssprache HTML arbeiten, lautet in unserem Fall diese Deklaration schlicht und ergreifend

<HTML>.

Bei der manuellen Erzeugung von Quelltext – beispielsweise in einem einfachen Texteditor wie dem WINDOWS EDITOR – sollte darauf geachtet werden, dass dieses Tag immer vor allem anderen Inhalt des Dokuments steht und der Quelltext an seinem Ende auch wieder mit

</HTML>

abgeschlossen wird.

In der Regel sind die neueren Browser imstande, HTML-Quellcode auch ohne eine solche Deklaration als solchen zu erkennen – schon aufgrund des Kürzels **.htm/*.html* im Dateinamen. Da man jedoch nicht davon ausgehen kann, dass weltweit alle Internetnutzer mit neueren Browsern auf WWW-Dokumente zugreifen, ist zu empfehlen, beim Erstellen von HTML-Code eine weitest mögliche Browser- und Versionsunabhängigkeit anzustreben und die grundlegenden Konventionen über Syntax und Aufbau von HTML-Dokumenten einzuhalten (schon im eigenen Interesse: Wer im WWW ein Dokument bereitstellt, möchte in der Regel, dass dieses möglichst bei allen potentiell darauf zugreifenden Internetnutzern problemlos und in gleicher Darstellung zur Anzeige gebracht wird).

WYSIWYG-Editoren wie FRONT PAGE und DREAM WEAVER, die an der Benutzeroberfläche nur dasjenige zeigen, was später in der Browseransicht des Dokuments tatsächlich zu sehen sein soll, erzeugen die HTML-Deklaration automatisch.

Bei Editoren wie HOME SITE, die für ein Arbeiten in der Quelltext-Ansicht konzipiert sind, genügt ein Mausklick auf den Button QUICK START, um HTML-Deklaration und Dokumentstruktur erzeugen zu lassen:

Bild 3.10: Erzeugung von HTML-Deklaration und Dokumentstruktur in HOME SITE

3.2.2 Die Elemente HEAD und BODY

„Kopf" und „Körper" eines Dokuments

Bild 3.10 zeigt die grundlegende Struktur eines HTML-Dokuments, die sich stets aus einem Dokumentkopf (*HEAD*) und einem Dokumentkörper (*BODY*) zusammensetzt. Diese beiden Komplemente werden – wie nahezu alle HTML-Elemente – jeweils durch ein einleitendes Tag eröffnet und durch ein abschließendes Tag wieder beendet. Zwischen das eröffnende und das abschließende Tag werden dann jeweils diejenigen Daten eingefügt, die das Element beinhalten soll:

```
<HEAD>Inhalt des Dokumentkopfes</HEAD>
<BODY>Inhalt des Dokumentkörpers</BODY>
```

Den Elementen *HEAD* und *BODY* kommen hierbei unterschiedliche Funktionen für das Dokument zu:

Was steht im *Header*?

- Der *Dokomentkopf* (auch: *Header*) trägt zum einen den Titel des Dokuments, wie er in der Kopfzeile des Browsers zur Anzeige gebracht werden soll und kann darüber hinaus sogenannte Meta-Informationen beinhalten, die nicht für die Anzeige auf dem Bildschirm bestimmt sind, sondern dazu dienen, dem Quelltext Angaben zum Autor, Erstellungsdatum und Inhalt des Dokuments beizugeben.

Was steht im *BODY* ?

- Der *Dokumentkörper* enthält all diejenigen Daten, die für die Anzeige im Browserfenster bestimmt sind einschließlich aller weiteren HTML-Tags, die Art und Weise der Darstellung und Formatierung dieser Daten betreffen. Sämtliche Tags, die Formatierungsangaben für die Darstellung von Text- und Grafikeinheiten festlegen, sind grundsätzlich nur innerhalb des Dokumentkörpers zulässig. Die HTML-Elemente, die hierzu verwendet werden können, werden in den folgenden Abschnitten vorgestellt.

Die Grundstruktur eines HTML-Dokuments könnte somit in Quelltext und Darstellung aussehen wie in Bild 3.11.

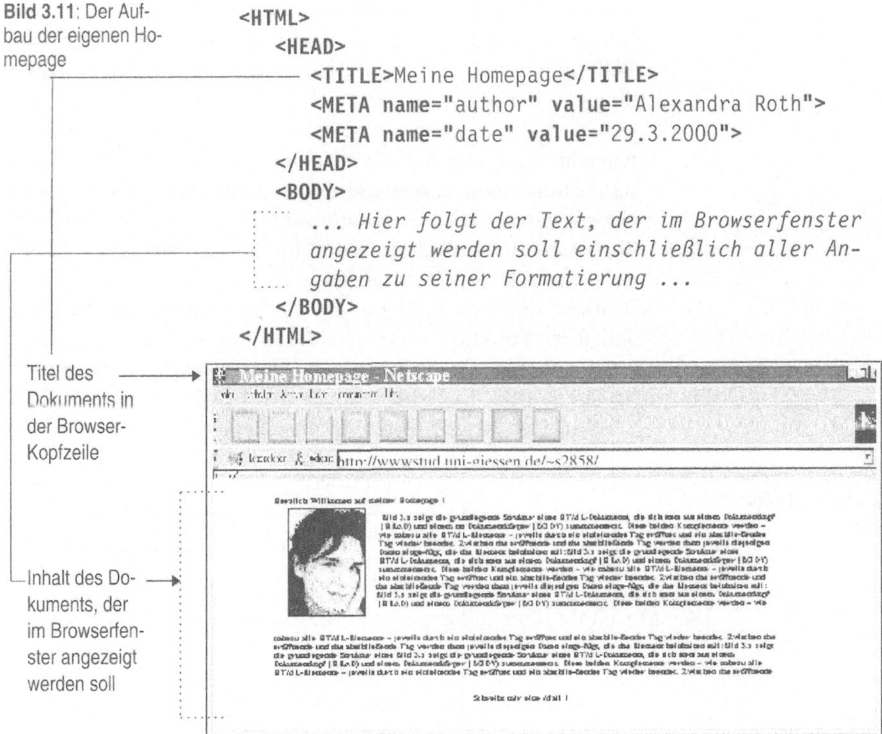

Bild 3.11: Der Aufbau der eigenen Homepage

3.2.3 Text- und Absatzauszeichnung

Logische vs. *physische* Auszeichnung

Bei der Text- und Absatzauszeichnung ist grundsätzlich zwischen *logischen* und *physischen* Angabearten zu unterscheiden. Dies ist insofern wichtig zu wissen, als sich die Angaben über Texteigenschaften, Überschriftenformate oder Hervorhebungen jeweils sowohl logisch als auch physisch vornehmen lassen, die Wahl der Angabeart hierbei aber Auswirkungen auf die Art der Darstellung der betreffenden Textsegmente bei der Anzeige haben kann.

Logische und *physische* Angabearten sind wie folgt unterschieden:

Logische Auszeichnung

- Bei der *logischen Auszeichnung* werden Textsegmente hinsichtlich ihrer Funktion beschrieben (z.B. als 'diakritisch hervorzuhebendes Segment' oder als 'Überschrift der ersten Gliederungsebene'). Die konkrete Art und Weise der Darstellung im Browser wird dabei nicht vorgegeben. Allerdings ist bei logischer Auszeichnung in jedem Fall gewährleistet, dass der Browser die betreffenden Textsegmente so darstellt, dass sie von Textsegmenten, denen andere logische Funktionen zugewiesen sind, grafisch eindeutig abgehoben werden. Auszeichnungskriterium bei der *logischen Text- und Absatzauszeichnung* ist es, die inhaltliche Struktur eines Dokuments formal so abzubilden, dass der Browser die verschiedenen Teile des Dokuments hinsichtlich ihrer Funktion unterscheiden kann. Was hierbei unter einer 'inhaltlichen Struktur' von Dokumenten zu verstehen ist, sei in Bild 3.12 am Beispiel eines Dokuments des Typs 'wissenschaftlicher Aufsatz' veranschaulicht:

Bild 3.12: Logische Struktur von Dokumenten

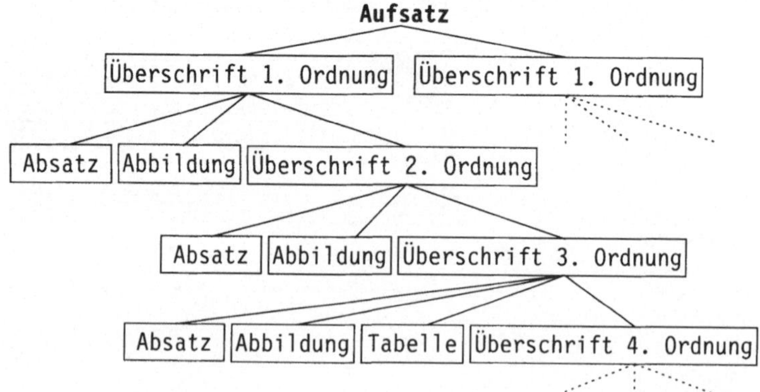

Physische Auszeichnung

- Bei der *physischen Auszeichnung* werden Textsegmente in Bezug auf ihre konkrete Darstellung am Bildschirm beschrieben (z.B. als 'kursiv zu setzendes Textsegment' oder als 'Textsegment, das fett und in Schriftgröße 5 gesetzt werden soll'). Über die Funktion der jeweiligen Textsegmente im Rahmen der Dokumentstruktur werden dabei keine Angaben gemacht. Bei der physischen Text- und Absatzauszeichnung ist die grafische Darstellung eines Dokuments bei der Anzeige im Browser weitgehend gewährleistet. Allerdings muss der HTML-Autor selbst darauf achten, dass er beispielsweise Überschriften unterschiedlicher Ordnung jeweils Formatangaben zuweist, die in der Darstellung ihre hierarchische Unterscheidung wiedergeben.

Der Unterschied zwischen den Prinzipien der *logischen* und der *physischen* Auszeichnung sei nachfolgend verdeutlicht am Beispiel, wie sich Überschriften unterschiedlicher Ordnung beschreiben lassen, nämlich zum einen logisch-funktional und zum anderen in Hinblick auf ihre physische Darstellung:

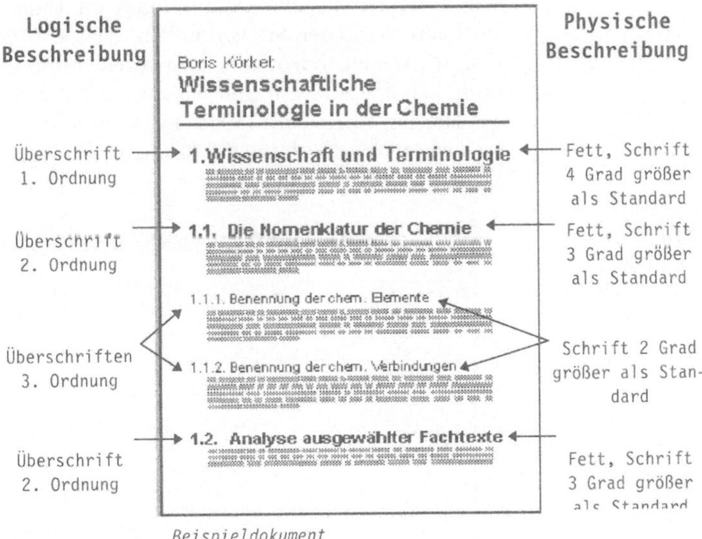

Bild 3.13: Logische und physische Beschreibung von Überschriften

In Quelltext-Editoren kann man selbst entscheiden, welche dieser beiden Angabearten man für die Text- und Absatzauszeichnung verwenden möchte. Beim Arbeiten mit WYSIWYG-Editoren

jedoch hat man diese Wahlmöglichkeit nicht unbedingt und bekommt oftmals den Quelltext zum bearbeiteten Dokument nach denjenigen Auszeichnungsprinzipien erstellt, die im jeweiligen Programm als Standard vorgesehen sind. Insofern ist es ratsam, beim Verwenden eines WYSIWYG-Editors hin und wieder den automatisch erstellten Quelltext gegenzulesen und gegebenenfalls nachzubessern, sofern man bei der Text- und Absatzauszeichnung selbst über das zugrunde liegende Prinzip entscheiden möchte. Optimal sind für solche Zwecke Editoren, die ein alternatives Arbeiten sowohl in der Vorschau als auch in der Quelltext-Ansicht ermöglichen (wie dies etwa bei DREAM WEAVER der Fall ist; FRONT PAGE bietet diese Option zwar auch, doch kann es sein, dass nach dem Wechsel von der Quelltext- zur Online-Ansicht das Programm die am Quelltext manuell vorgenommenen Änderungen wieder stillschweigend abändert oder revidiert).

3.2.3.1 Schriftgröße, -farbe, -gestalt

Wenn Sie bereits über Erfahrungen im Umgang mit Browsern verfügen, so wissen Sie vermutlich, dass sich für die Darstellung von Webseiten individuelle Standardschriftgrößen, -schriftfarben und -schriftarten festlegen lassen. Bei NETSCAPE ist dies beispielsweise über den Punkt EINSTELLUNGEN → GESAMTBILD → SCHRIFTART in der Auswahl BEARBEITEN möglich, der folgendes Menü eröffnet:

Bild 3.14: Benutzereinstellungen im NETSCAPE-Browser

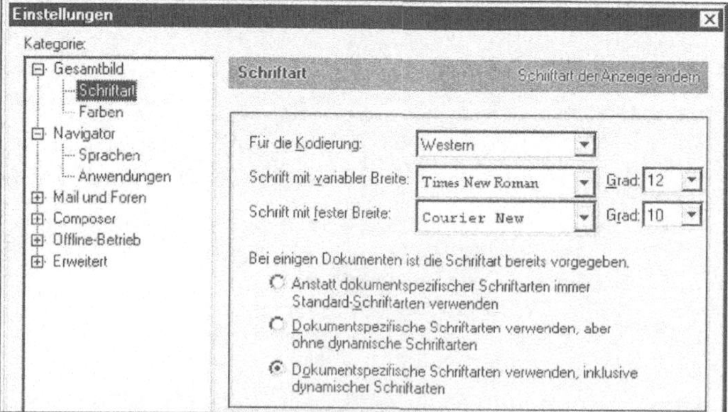

Somit ist also nicht der Autor eines WWW-Dokuments, sondern stets der jeweilige PC-Benutzer, der dieses Dokument zur Anzeige in seinem Browser aufruft, derjenige, der in punkto physischer Schriftgestalt das letzte Wort hat: Je nach dem, ob er beispielsweise 12pt oder 14pt als Standardanzeigegröße für Schriftzeichen festgelegt hat, werden die Textelemente eines WWW-Dokuments auf seinem Bildschirm unterschiedlich groß dargestellt.

Relative Angabe von Schriftgrößen

Aus diesem Grunde sind mit HTML lediglich *relative* Schriftgrößenangaben möglich, mittels derer sich Textsegmenten eine logische Größe zuweisen lässt, die den Grad des Größenverhältnisses in Abhängigkeit von der benutzerindividuellen Standardgröße definiert.

Das Grundelement für Angaben, die die Eigenschaften von Schriftzeichen betreffen, heißt (in spitze Klammern gesetzt und somit in ein Tag eingebettet):

<FONT> .

Die Vorgabe einer relativen Schriftgröße erfolgt über das Attribut *size*, das mit einem numerischen Parameter von 1–7 belegt werden kann. Der Wert 3 entspricht hierbei der vom Benutzer eingestellten Standardgröße. Bei einer Standardeinstellung von 12pt im Browser würden die Parameter 1–7 somit dargestellt wie in der nachfolgenden Tabelle, bei anderer Standardeinstellung entsprechend kleiner oder größer.

Tabelle: Schriftgrößenangaben und ihre Realisierung im Browser

Benutzer-Standardeinstellung: Schriftgröße 12pt	
Die HTML-Anweisung...	*... wird im Browser des Benutzers realisiert als...*
<FONT size="1">	Schriftgröße 8pt
<FONT size="2">	Schriftgröße 10pt
<FONT size="3">	**Schriftgröße 12pt (Standard)**
<FONT size="4">	Schriftgröße 14pt
<FONT size="5">	Schriftgröße 16pt
<FONT size="6">	Schriftgröße 18pt
<FONT size="7">	Schriftgröße 20pt

Beim Erstellen eigener WWW-Seiten sollte man sich daher immer bewusst sein, dass deren Darstellung in der Vorschau des verwendeten Editors oder im Browser auf dem eigenen Rechner nicht unbedingt und zwangsläufig der Darstellung auf dem Rechner anderer Internet-Nutzer entsprechen muss.

Alternativ lassen sich Schriftgrößen auch mit direkter Bezugnahme auf die (unbekannte) Standardeinstellung auf dem Benutzer-PC bestimmen, und zwar jeweils durch Angabe der gewünschten Abweichung des Schriftgrades relativ zur eingestellten Standardgröße:

Tabelle: Schriftgrößenangaben und ihre Realisierung im Browser II

Benutzer-Standardeinstellung: Schriftgröße 12pt	
Die HTML-Anweisung...	*... wird im Browser des Benutzers realisiert als...*
<FONT size="-2">	Schriftgröße 8pt
<FONT size="-1">	Schriftgröße 10pt
<FONT size="3">	**Schriftgröße 12pt (Standard)**
<FONT size="+1">	Schriftgröße 14pt
<FONT size="+2">	Schriftgröße 16pt
<FONT size="+3">	Schriftgröße 18pt
<FONT size="+4">	Schriftgröße 20pt

Schriftarten

Auch das Arbeiten mit Schriftarten ist prinzipiell abhängig von den Vorlieben des Benutzers, insofern die gängigen Browser die Möglichkeit offerieren, dokumentspezifische Schriftarten grundsätzlich zu ignorieren und alle Dokumente in einer bestimmten Standardschriftart anzeigen zu lassen (vgl. Bild 3.14). Es ist jedoch davon auszugehen, dass die Mehrzahl der Internet-Nutzer die Einstellung „Dokumentspezifische Schriftarten verwenden" präferiert, da es auf Dauer eintönig sein dürfte, jede WWW-Seite in der immer gleichen Schriftart angezeigt zu bekommen. Zudem ist – sofern der Internet-Nutzer die Schriftarteinstellungen seines Browsers nicht individuell verändert hat – die Verwendung dokumentspezifischer Schriftarten in der Regel als Standardvorgabe voreingestellt.

Die Festlegung einer bestimmten Schriftart für die Darstellung eines Textsegments erfolgt über das Attribut *face* zum Element *FONT*. Als Parameter ist hierbei der korrekte Name der Schriftart einzutragen, so wie er etwa im WINDOWS-Verzeichnis „Fonts" aufgeführt ist.

Beispiel:

```
<FONT face="Arial">Text</FONT>
```

Die Wahl der Schriftart ist jedoch eine Sache, die wohl überlegt sein sollte. WYSIWYG-Editoren bieten in der Regel sämtliche Schriftarten zur Auswahl an, die auf dem Betriebssystem des eigenen Rechners installiert sind und verleiten dadurch dazu, bei der Erstellung ansprechend gestalteter WWW-Seiten leichtfertig mit unterschiedlichsten Schriftarten zu experimentieren. Ruft man dann nach Fertigstellung der Seiten diese einmal von einem anderen Rechner aus im Internet auf, ist die Enttäuschung oftmals groß, da die Seite, die auf dem heimischen PC durchaus originell aussah, gänzlich unerwartet in einer wenig ausgefallenen Standard-Schriftart wie „Times New Roman" dargestellt wird (siehe Bild 3.15). Dies liegt dann in der Regel schlicht und ergreifend daran, dass die im Quelltext angegebene Schriftart auf dem Rechner, auf dem die Seite zur Anzeige gebracht wird, nicht verfügbar ist. In solchen Fällen verwendet der Browser für die Darstellung ersatzweise diejenige Standardschriftart, die in den Benutzereinstellungen festgelegt wurde. Daher sollte man sich in punkto Schriftarten entweder auf solche Fonts beschränken, die auf *jedem* Betriebssystem verfügbar sind (Times New Roman, Arial, Courier) oder aber zumindest Alternativen angeben für den Fall, dass eine der gewünschten Schriftarten auf dem Rechner des Benutzers nicht verfügbar ist. Die Angabe von Alternativen erfolgt hierbei direkt in Anschluss an die primär favorisierte Schriftart durch Nennung weiterer Schriftarten. Als Trennzeichen werden jeweils Kommata gesetzt, damit der Browser die Namen der einzelnen Alternativen von einander unterscheiden kann:

Alternative Schriftarten angeben

```
<FONT face="Airbus special,Impact,Comic,Desdemona,...">
```

Bild 3.15: Enttäuschendes Anzeigeergebnis bei ausgefallenen Schriftarten

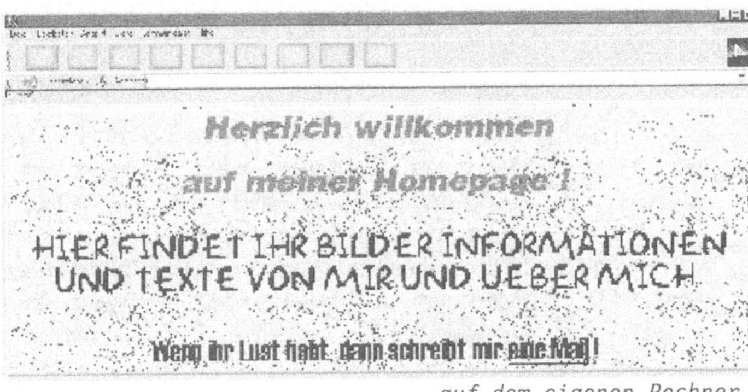

... auf dem eigenen Rechner

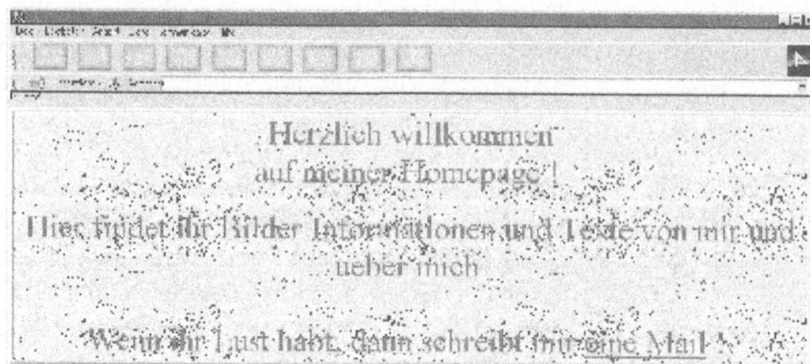

... auf dem Rechner eines anderen Internet-Nutzers

Will man trotzdem einen Teil der eigenen Homepage – beispielsweise die Überschrift – in einer ganz bestimmten Schriftart gestalten, so empfiehlt es sich, den betreffenden Text in einer Grafikdatei abzulegen und als Bildelement in das Dokument einzubinden. Da in Grafikdateien visuelle Informationen als Bildelemente abgespeichert werden, muss bei ihrer Anzeige keine auf dem Betreibssystem installierte Schriftart aktiviert werden. Allerdings kann sich die Ladezeit einer WWW-Seite extrem verlängern, wenn für ihre Darstellung allzu viele Grafikdateien eingelesen werden müssen (Näheres hierzu in Abschnitt 3.2.7).

Schriftfarbe

Sind Schriftart und -größe festgelegt, so lässt sich dem Element für die Schriftformatierung *FONT* auch noch eine Angabe über die Farbe des betreffenden Textsegments zuordnen. Dies geschieht mittels des Attributs *color*, dem als Parameter die jeweils gewünschte Farbe in einem sechsstelligen Code zugewisen wird. Der jeweilige Farbcode bestimmt das Verhältnis, nach welchem die gewünschte Farbe aus den Grundfarben Rot, Grün und Blau gemischt werden soll (Näheres hierzu siehe Kap. 3.2.10.2).

Beispiel: `<FONT size="4" face="Arial"` **`color="#FF0000">`**

Möchte man eine Schriftfarbe definieren, die als Grundfarbe für den gesamten Dokumenttext gelten soll, so lässt sich eine entsprechende Angabe bereits im *<BODY>*-Tag vornehmen, das den Dokumentkörper einleitet. Hierfür ist das Attribut *text* vorgesehen, dem sich als Parameter ebenfalls ein Farbcode zuweisen lässt, der dann bei der Anzeige des Dokuments als Standardfarbwert für die Textdarstellung zugrunde gelegt wird (vgl. Kap. 3.2.9). Beim Arbeiten mit HTML-Editoren wird man in der Regel bereits bei der Einrichtung eines neuen Dokuments gefragt, welche globale Vorgabe man in punkto Textfarbe definieren möchte.

3.2.3.2 Hervorhebungen

„Fett" und „kursiv" oder „stark" und „betont"?

Eine hervorgehobene Darstellung einzelner Textsegmente lässt sich auf zweierlei Arten erzielen. Nach der *physischen* Variante können mittels der Elemente *B* oder *I* den betreffenden Schriftzeichen konkrete Eigenschaften zugewiesen werden: *<B>* besagt, dass der sich anschließende Text fett ('broad') dargestellt werden soll, *<I>* ('italic') verursacht Kursivsetzung. Die *logische* Variante dagegen macht keine konkreten Vorgaben für die Anzeige der betreffenden Textsegmente, sondern beschreibt vielmehr deren spezifische Funktion als inhaltlich markante Einheiten: *<STRONG>* gibt an, dass ein Textsegment als besonders gewichtet markiert werden soll, *<EM>* ('emphasis') signalisiert dem Browser, dass auf dem Nachfolgenden eine besondere Betonung liegt. Die konkrete physische Umsetzung wird bei der logischen Auszeichnung dem Browser überlassen. Da es sich bei *<STRONG>* und *<EM>* jedoch um zwei unterschiedliche Tags handelt und es ein Grundprinzip der Interpretation von HTML-Dokumenten ist, dass jedes eindeutig unterschiedene Tag vom Browser eine charakteristisch eigene Darstellung zu erfahren hat, ist bei der Wahl der logischen Variante in jedem Fall davon auszugehen, dass *<STRONG>* und *<EM>* in der Anzeige auf verschiedene Weise physisch realisiert werden.

Exkurs: Diakritische Auszeichnung in wissenschaftlichen Texten

Gerade für die Gestaltung wissenschaftlicher Arbeiten stellen Hervorhebungen ein unverzichtbares Stilelement dar, insofern sich mit ihnen die „diakritische Auszeichnung" realisieren lässt. Unter „diakritischer Auszeichnung" versteht man in wissenschaftlichen Texten die Gepflogenheit, unterschiedliche Ebenen der Sprachverwendung jeweils charakteristisch zu markieren. So ist es beispielsweise üblich, Zitate in Anführungszeichen zu setzen, um damit deutlich zu machen, dass es sich beim betreffenden Text und seinem Inhalt um fremdes Formulierungs- und Gedankengut handelt. Des Weiteren ist es üblich, etwa die Erwähnung von Werktiteln sowie von Fachausdrücken oder signifikanten Begrifflichkeiten grafisch gegenüber dem übrigen Text abzuheben.

Beispiel:

(a) In Buddenbrooks. Verfall einer Familie beschreibt Thomas Mann den Niedergang einer Lübecker Familie im Spannungsfeld zwischen zwei Urkräften, die Nietzsche das

Apollinische und das Dionysische nannte. [*ohne diakritische Auszeichnung*]

(b) In *Buddenbrooks. Verfall einer Familie* beschreibt Thomas Mann den Niedergang einer Lübecker Familie im Spannungsfeld zwischen zwei Urkräften, die Friedrich Nietzsche das **Apollinische** und das **Dionysische** nannte. [*mit diakritischer Auszeichnung*]

Diakritische Auszeichnung in HTML – logisch oder physisch

Hervorgehoben werden in (b) zum einen der Werktitel und zum anderen zwei signifikante Begriffe. Hierbei wurde die Hervorhebung auf zwei unterschiedliche Arten realisiert, um anzuzeigen, dass die jeweils hervorgehobenen Textsegmente verschiedene Funktionen erfüllen: In ersterem Fall wird *Buddenbrooks. Verfall einer Familie* durch die Kursivierung als Zitat eines Titels gekennzeichnet, in zweiterem Fall gibt der Fettsatz zu erkennen, dass es sich bei dem **Apollinischen** und dem **Dionysischen** um Begriffe handelt, denen für die Interpretation des in Rede stehenden Romans eine besondere Bedeutung zukommt.

In HTML „übersetzt", könnte (b) auf zwei verschiedene Arten codiert werden. Zum einen anhand *physischer* Auszeichnung, sofern man Wert darauf legt, dass der Werktitel auf jeden Fall kursiv und die hervorzuhebenden Begriffe fett dargestellt werden, zum anderen anhand *logischer* Auszeichnung, sofern man in erster Linie gewährleistet wissen möchte, dass Werktitel und Begrifflichkeiten grafisch von einander unterschieden werden, ohne dass die konkrete (physische) grafische Realisierung dabei eine große Rolle spielt:

- In <*I*>Buddenbrooks. Verfall einer Familie</*I*> beschreibt Thomas Mann den Niedergang einer Lübecker Familie im Spannungsfeld zwischen zwei Urkräften, die Nietzsche das <*B*>Apollinische</*B*> und das <*B*>Dionysische</*B*> nannte. [mit *physischer* Auszeichnung]
- In <*EM*>Buddenbrooks. Verfall einer Familie</*EM*> beschreibt Thomas Mann den Niedergang einer Lübecker Familie im Spannungsfeld zwischen zwei Urkräften, die Nietzsche das <*STRONG*>Apollinische</*STRONG*> und das <*STRONG*>Dionysische</*STRONG*> nannte. [mit *logischer* Auszeichnung]

3.2.3.3 Überschriften

In Bild 3.13 wurde an einem Beispieldokument der Unterschied zwischen logischer und physischer Beschreibung von Überschriften demonstriert.

„Headings" – Hierarchisch unterschiedene Typen von Überschriften

Prinzipiell bietet HTML für die Auszeichnung von Überschriften zwei Möglichkeiten: Entweder weist man Textsegmenten, die als Überschriften hervorgehoben werden sollen, mittels der Elemente *FONT* (Schriftgröße, -farbe, -gestalt) und *B* (Fettsatz) konkrete physische Eigenschaften zu oder aber man deklariert sie für den Browser auf dem Wege logischer Auszeichnung explizit als Überschriften einer bestimmten Gliederungsebene. Für zweitere Variante sind in HTML „Heading"-Elemente definiert, die eine logische Auszeichnung von Überschriften bis zur sechsten Gliederungsebene erlauben. Das Element *<H1>* kennzeichnet hierbei eine Überschrift 1. Ordnung, die Elemente *<H2>*, *<H3>*, *<H4>*, *<H5>* und *<H6>* kennzeichnen in absteigender Reihenfolge die Überschriften der jeweils hierarchisch untergeordneten Gliederungsebenen. Diese logische Auszeichnung hat gegenüber der physischen Alternative den Vorteil, dass Überschriften unterschiedlichen Typs in jedem Fall vom Browser bei der Anzeige so realisiert werden, dass sie relativ zu ihrer hierarchischen Unterscheidung auch grafisch von einander abgehoben erscheinen, während man bei der physischen Auszeichnung selbst darauf achten muss, dass die Art der Formatvorgaben den logischen Beziehungen zwischen den Hierarchieebenen entspricht. Zudem ist die physische Auszeichnung von Überschriften in zweierlei Hinsicht aufwändiger: Erstens muss man mehr tippen (nämlich zu jeder Überschrift ein komplette Angabe zur Schriftformatierung einschließlich Attributen und Parametern) und zweitens muss man beständig acht geben, dass man Überschriften der gleichen Ordnung bei jedem erneuten Auftreten wieder dieselben Formate zuweist wie beim letzten Mal. Dies sei noch einmal an dem Beispieldokument aus Bild 3.13 verdeutlicht, welches drei Gliederungsebenen aufweist:

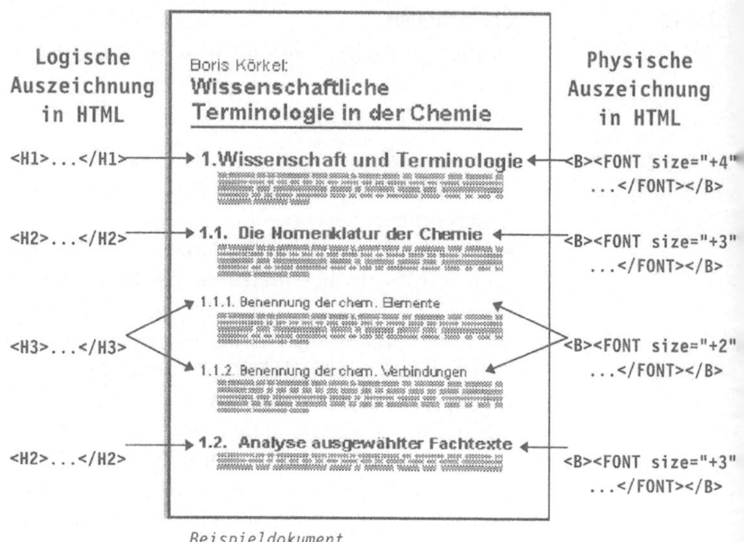

Bild 3.16: Logische und physische Auszeichnung von Überschriften

3.2.3.4 Manuelle Umbrüche

ASCII-Code

Textdateien mit HTML-Anweisungen werden als *ASCII-Code* abgespeichert und via Internet übertragen. *ASCII* steht für „American Standard Code for Information Interchange“ und bezeichnet ein Format, in welchem Daten als reine Zeichenfolgen *ohne* Formatierungen abgelegt werden und das als zulässige Zeichen lediglich den amerikanischen Standard-Zeichensatz (ohne Sonderzeichen) vorsieht. Der Vorteil eines solchen Codierungsstandards, der nur diejenigen Zeichen enthält, die sich auf einer Standard-Tastatur (abzüglich deutscher Umlaute, Sonderzeichen und per Shortcuts generierter Zusatzzeichen) durch einfache Eingabe erzeugen lassen und bei der Datenerfassung lediglich die signifikanten Unterschiede zwischen diesen Zeichen, nicht aber etwaige Formatierungen, berücksichtigt, ist der, dass Dateigrößen – und damit auch Übertragungszeiten – so ökonomisch als möglich gehalten werden können. Aus diesem Grunde handelt es sich bei den jeweils in spitze Klammern eingeschlossenen HTML-Anweisungen auch sämtlich lediglich um Formatierungs*angaben*, die erst im Browser eines Benutzers in „echte“ Formatierungen umgewandelt werden (vgl. Kap. 2). Dies bedeutet zugleich, dass jede noch so unauffällige Eigenschaft von Zeichen, Texten und Absätzen, die *nicht* mit den signifikanten Merkmalen zur Unterschiedung einzelner Zeichen zusammenhängt, anhand von Tags expliziert werden muss, um bei der Anzeige in einem Browser nicht verloren zu gehen.

Zeilenumbrüche mit RETURN sind *keine* HTML-Anweisungen

Eine solche „unauffällige" Formatierung, die man bei der Auszeichnung von Texten mit HTML gerne übersieht, ist der *manuelle Zeilenumbruch*, den Sie beim Abfassen von Texten in einem Editor oder Textverarbeitungsprogramm durch Betätigung der RETURN-Taste vornehmen können. Auch beim Erstellen von HTML-Code können Sie in der Quelltext-Ansicht lange Zeilen mit RETURN umbrechen. Dieser Umbruch dient allerdings lediglich der Übersichtlichkeit in der Bearbeitungsansicht, die Ihnen ein Editor in der Regel ermöglicht – bei der Anzeige im Browser wird ein solcher Umbruch *nicht* erkannt und folglich auch nicht als solcher interpretiert und dargestellt. Daher ist es notwendig, dass Sie Zeilenwechsel, die nicht lediglich der Übersichtlichkeit in der Bearbeitungsansicht dienen, sondern auch bei der Anzeige in einem Browser realisiert werden sollen, grundsätzlich in Form einer Formatierungsangabe an den jeweiligen Stellen des Quelltextes einfügen. Hierzu steht Ihnen das HTML-Element *BR* ('break') zur Verfügung.

Das „Standalone"-Tag *
*

Für das *BR*-Element ist charakteristisch, dass es ausschließlich als ein sogenanntes „Standalone"-Tag verwendet wird: Zur Kennzeichnung eines Zeilenumbruchs genügt die Setzung eines Tags *
*, ohne dass an irgendeiner späteren Stelle ein abschließendes Tag *</BR>* nachfolgen muss. Eine einschlägige Passage aus Goethes *Faust II* wäre also wie folgt auszuzeichnen:

Bild 3.17: Goethe online...

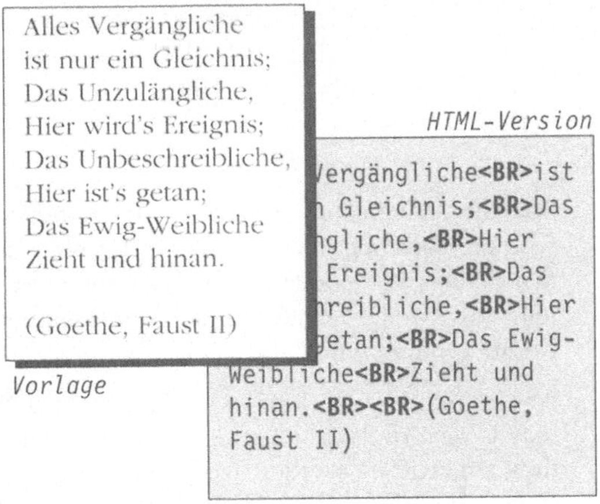

Alles Vergängliche
ist nur ein Gleichnis;
Das Unzulängliche,
Hier wird's Ereignis;
Das Unbeschreibliche,
Hier ist's getan;
Das Ewig-Weibliche
Zieht und hinan.

(Goethe, Faust II)

Vorlage

HTML-Version

```
Vergängliche<BR>ist
n Gleichnis;<BR>Das
ngliche,<BR>Hier
 Ereignis;<BR>Das
hreibliche,<BR>Hier
getan;<BR>Das Ewig-
Weibliche<BR>Zieht und
hinan.<BR><BR>(Goethe,
Faust II)
```

*
* kann auch mehrfach in Folge gesetzt werden, um Leerzeilen zu erzwingen.

3.2.3.5 Absatzausrichtung

Logische Deklaration von Absätzen

Um Textpassagen bei der Anzeige links- oder rechtsbündig, zentriert oder im Blocksatz ausrichten zu lassen, muss dem Browser zunächst einmal signalisiert werden, dass es sich bei einem bestimmten Textausschnitt um einen Absatz handelt. Um den Gültigkeitsbereich einer Angabe zur Textausrichtung identifizieren zu können, muss dem Browser also zuvor ein Absatz als inhaltliches Strukturelement eines Dokuments kenntlich gemacht worden sein. Hierzu sind Anfangs- und Endpunkt einer Passage entsprechend zu markieren, und zwar mittels des Elements *P*, das für 'paragraph' steht und einen Absatz gegenüber den vorangehenden Text (und fakultativ auch gegen den nachfolgenden) abgrenzt:

Bild 3.18: Deklaration von Absätzen

```
obligatorisch····<P>Die Viren vermehren sich vor
                 allem im distalen 2/3 des
                 Jejunums. Durch Zottenatrophie
                 und das Malabsorptionssyndrom
                 kommt es in ca. 20% der
                 Erkrankungen zu Todesfällen.</P>········ fakultativ
obligatorisch····<P>Coronaviren können unter
                 Umständen auch den
                 Respirationstrakt befallen und
                 Rhinitis und/oder Pneumonie
                 verursachen.</P>························ fakultativ
obligatorisch····<P>...
                    ...</P>······························ fakultativ
```

Wie Sie sehen, kann *<P>* wie ein „Standalone"-Tag verwendet werden. Dies liegt daran, dass der Browser nicht zwingend einer Markierung *</P>* bedarf, um das *Ende* eines Absatzes zu ermitteln: Im Zweifelsfall endet ein Absatz immer da, wo ein neuer Absatz eröffnet wird.

Ist ein Textbereich durch *<P>* als Absatz definiert, so kann ihm mittels des Attributs *align* ein Wert für seine physische Ausrichtung zugewiesen werden. Vorgesehen sind hierbei die Parameter „left" (linksbündig), „right" (rechtsbündig) und „center" (zentriert) sowie „justify" für den Blocksatz. Daneben werden mit *<P>* ausgezeichnete Bereiche in der Anzeige stets ein wenig von einander abgesetzt dargestellt, in der Regel anhand eines etwas vergrößerten Durchschusses zwischen der letzten Zeile eines vorangehenden und der ersten Zeile des nachfolgenden Absatzes:

Bild 3.19: Darstellung von Absätzen und Absatzgrenzen

```
<P align="justify">Differentialdiagnostisch könnte es
sich in diesem Fall auch um eine Infektion mit
Rota- und Coronaviren, sowie mit Pesti-, Calici-,
Astro- und Parvoviren handeln. Auch eine
Mischinfektion mit Viren und den Coli-Bakterien ist
denkbar.
<P align="right">Die Viren vermehren sich vor allem
im distalen 2/3 des Jejunums. Durch Zottenatrophie
und das Malabsorptionssyndrom kommt es in ca. 20% der
Erkrankungen zu Todesfällen.
<P align="center">Coronaviren können unter
Umständen auch den Respirationstrakt befallen und
Rhinitis und/oder Pneumonie verursachen .
```

C:\HTML-Dateien\Coronaviren.html

Differentialdiagnostisch könnte es sich in diesem Fall auch um eine Infektion mit Rota- und Coronaviren, sowie mit Pesti-, Calici-, Astro- und Parvoviren handeln. Auch eine Mischinfektion mit Viren und den Coli-Bakterien ist denkbar.

Durchschuss

Die Viren vermehren sich vor allem im distalen 2/3 des Jejunums. Durch Zottenatrophie und das Malabsorptionssyndrom kommt es in ca. 20% der Erkrankungen zu Todesfällen.

Durchschuss

Coronaviren können unter Umständen auch den Respirationstrakt befallen und Rhinitis und/oder Pneumonie verursachen.

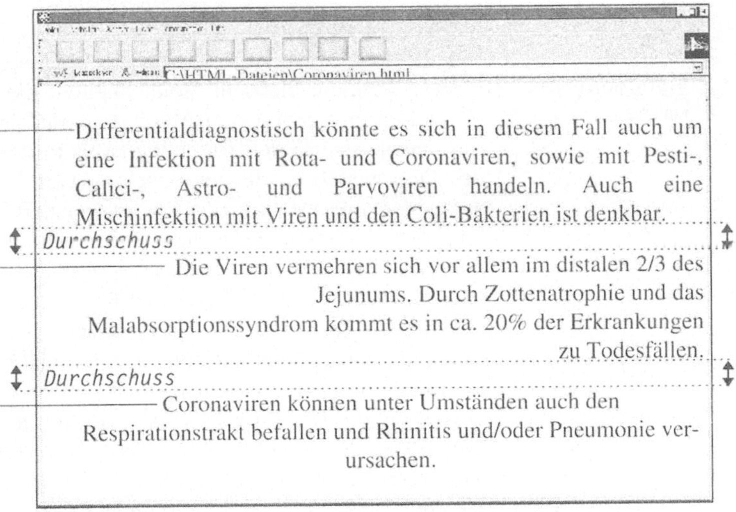

Linksbündigkeit (*<P align*="left">) muss in der Regel nicht expliziert werden, da die Browser Text ohne Ausrichtungsangabe standardmäßig automatisch linksbündig anzeigen. Einige ältere Browser-Versionen haben Probleme mit der Realisierung des Blocksatzes, da dieser Parameter erst in jüngerer Zeit in den HTML-Standard aufgenommen wurde; die neueren Versionen des MICROSOFT INTERNET EXPLORER und NETSCAPE COMMUNICATOR unterstützen ihn aber auf jeden Fall.

3.2.4 Hyper-References: Links und Anker

Was ist eigentlich ein Hyperlink ?

Die Erfindung des „Hyperlinks" bedeutete für die Entwicklung des World Wide Web einen ähnlichen Quantensprung wie die Erfindung des Otto-Motors für die Automobiltechnik. Ohne Links bestünde das WWW aus einer Menge isolierter Dokumente, die jeweils an einer bestimmten Stelle abgelegt sind und keinerlei Verknüpfung aufweisen zu Dokumenten, die zwar inhaltlich verwandt, aber nicht an derselben Stelle verfügbar sind.

Mit der Erfindung des Links wurde genau das möglich, was die Apologeten einer globalen Vernetzung von Wissen – lange vor der Erfindung des Internet – im Sinn hatten: Die Verknüpfung unterschiedlichster Ressourcen verschiedener Urheber zu einer Art ortsunabhängiger und allgemein verfügbarer Hyper-Ressource, die möglichst viele Einzelbeiträge zu einem Thema zusammenführt und problemlos zugänglich macht.

„Nachschlagen" per Mausklick

Ein Link ist im Grunde genommen ein Verweis, aber im Gegensatz zu den Verweisen, die wir aus Büchern und Nachschlagewerken kennen, bietet er Möglichkeiten, die den Nutzwert von Verweisen im gedruckten Medium übersteigen: Während wir, um beispielsweise den Literaturverweis in der Fußnote einer gedruckten wissenschaftlichen Arbeit zu verfolgen, eine Bibliothek aufsuchen müssen, um uns das referenzierte Werk zu beschaffen, von dem wir uns weitere Informationen erhoffen, genügt beim Vorhandensein eines Links im digitalen Medium ein einfacher Mausklick, um zu derjenigen Ressource zu gelangen, die in der Beschreibung des Links in Aussicht gestellt wird. Mit dem Anklicken eines Links wird uns gewissermaßen der Gang zur Bibliothek und das Nachschlagen in einem referenzierten Werk abgenommen: Der Browser meldet an den Rechner die Anforderung eines bestimmten Dokuments, der Rechner schickt diese Anforderung ins Internet, wo sie über verschiedene Server weitergeleitet wird bis zu demjenigen Rechner (der „Bibliothek"), auf welchem das gewünschte Dokument abgelegt ist; dort wird die Anforderung bearbeitet und binnen weniger Sekunden erhalten wir eine Kopie des per Mausklick angeforderten Dokuments zurückübermittelt und auf dem eigenen Bildschirm zur Anzeige gebracht.

Dokument*interne* und -*externe* Links

Grundsätzlich unterscheidet man zwischen dokument*internen* und dokument*externen* Links. Dokument*interne* Links sind Verweise, die zu einer vorher markierten Stelle (einem sogenannten „Anker") in demselben Dokument führen. Dokument*externe* Links sind Verweise, bei deren Aktivierung ein neues Dokument aufgerufen wird, das entweder auf dem selben oder auf irgend einem anderen Server im Internet abgelegt ist. Als Verweisziel muss hierbei ein sogenannter *URL* (*Uniform Resource Locator*) angegeben sein, anhand dessen das aufzurufende Dokument eindeutig identifiziert werden kann. Der „Anker" liegt hierbei also außerhalb des Dokuments, das den Link trägt.

„Anker"

Ein „Anker" kann somit prinzipiell sowohl jedes eindeutig identifizierbare Dokument auf einem Server als auch jede eindeutig markierte Stelle innerhalb eines HTML-Dokuments sein.

3.2.4.1 Verweiszieladressen

Damit ein Hyperlink überhaupt die Funktion erfüllen kann, die er erfüllen soll, nämlich bei seiner Aktivierung ein ganz bestimmtes Dokument aufzurufen, muss natürlich gewährleistet sein, dass das betreffende Dokument eindeutig identifiziert und in den Weiten des Netzes problemlos gefunden werden kann. Dem Quellcode zu einem als Hyperlink definierten Textsegment muss also eine Beschreibung beigegeben sein, der sich entnehmen lässt, a) auf welchem Server im Netz und b) an welchem Speicherplatz dieses Servers diejenige Ressource abgelegt ist, zu der der Link einen Benutzer nach dem obligatorischen Mausklick führen soll. Diese Ressourcenbeschreibungen folgen strengen Konventionen, die gewährleisten, dass *eine* Beschreibung grundsätzlich immer nur auf *ein* ganz bestimmtes Dokument zutrifft. Andernfalls wäre das Suchen und Finden von Dokumenten im Internet, das in seinen Dimensionen ohnehin schon kaum mehr zu überschauen ist, so gut wie aussichtslos. Ressourcenbeschreibungen werden als *Uniform Resource Locators* (*URLs*) oder gemeinhin auch einfach als „Internet-Adressen" bezeichnet. Und tatsächlich verhält es sich mit dem Aufbau solcher „Adressen" ähnlich wie mit Postanschriften, wenn auch nicht gänzlich, denn ein URL beinhaltet neben der Angabe des Adressaten immer zugleich auch die Anforderung einer bestimmten Ressource bzw. eines Dokuments. Am ehesten könnte man einen URL daher vergleichen mit einem adressierten und vollständig ausgefüllten Bestellschein: Der erste Teil trägt jeweils diejenigen Informationen, die notwendig sind, um die Institution (den Server) zu

Was ist ein *URL*?

identifizieren, von der (dem) ein Dokument angefordert werden soll, der zweite Teil – abgetrennt durch einen Slash („/“) beschreibt innerhalb der Institution (in den Speicherverzeichnissen des Servers) den Weg, den man nehmen muss, um zu dem gewünschten Dokument zu gelangen. Hinzu kommt ein Adress-„Kopf“, der Auskunft darüber gibt, auf welche Art und Weise das Dokument transferiert und welcher Dienst mit der Übermittlung beauftragt werden soll.

Beispiel:

Bild 3.20: Was hat ein URL mit einem Bestellschein gemeinsam?

`http://www.gs.uni-heidelberg.de/~beisswen/schub3/referat.html`

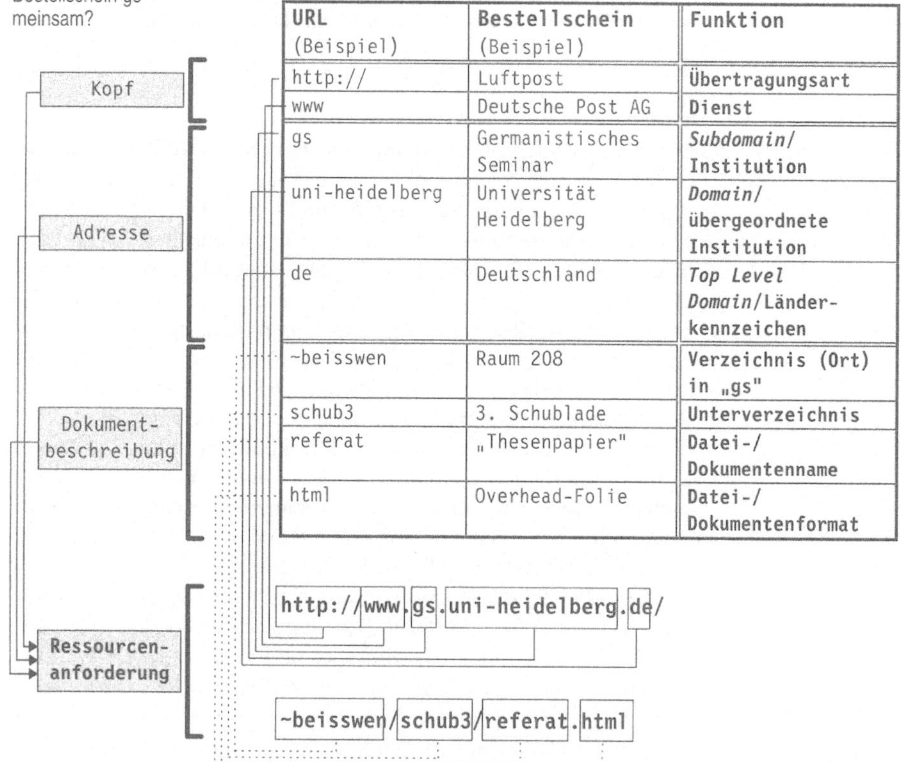

URL (Beispiel)	Bestellschein (Beispiel)	Funktion
http://	Luftpost	**Übertragungsart**
www	Deutsche Post AG	**Dienst**
gs	Germanistisches Seminar	***Subdomain*/ Institution**
uni-heidelberg	Universität Heidelberg	***Domain*/ übergeordnete Institution**
de	Deutschland	***Top Level Domain*/Länderkennzeichen**
~beisswen	Raum 208	**Verzeichnis (Ort) in „gs“**
schub3	3. Schublade	**Unterverzeichnis**
referat	„Thesenpapier"	**Datei-/ Dokumentenname**
html	Overhead-Folie	**Datei-/ Dokumentenformat**

Möchte man auf ein Dokument verweisen, das sich auf dem selben Server befindet wie das Dokument, das den Verweis beinhaltet, so verkürzt sich natürlich die Ressourcenanforderung.

Den Kopf und die Adresse des Servers kann man dann auslassen. Für Links zwischen Dokumenten, die sich in ein- und demselben Verzeichnis befinden, genügt sogar einfach die Angabe des Dokumentennamens (einschließlich Formatangabe), also beispielsweise „referat.html".

Möchte man auf eine bestimmte Stelle innerhalb *des selben* Dokuments verweisen, so ist zuvor dieser Stelle eine Adresse (ein „Anker") zuzuweisen, da in diesem Fall das Verweisziel und das Dokument, das den Link trägt, denselben URL aufweisen.

3.2.4.2 Dokument*externe* Links

Für die Definition eines dokumentexternen Links ist im Quelltext eine Anweisung einzutragen, die wie folgt aufgebaut sein muss:

Syntax von Link-Definitionen

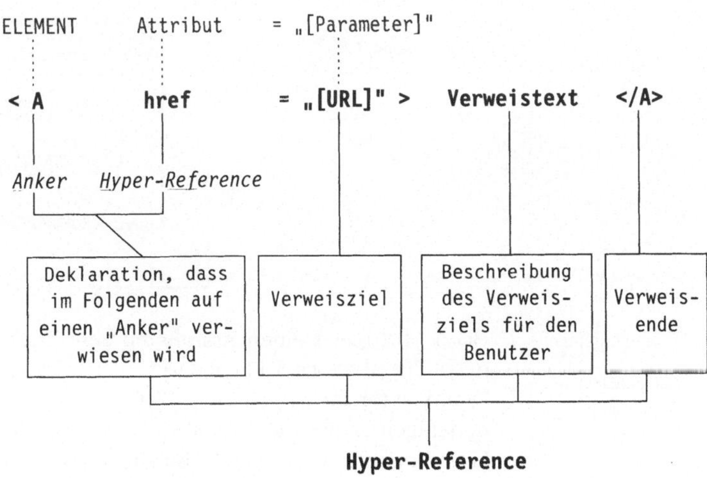

<u>*Lies:*</u> 'Der folgende Text sei ein Hyperlink (*href*) zu dem Anker (*A*) mit der Adresse „http://www...." (URL), welcher bis zur mit </*A*> markierten Stelle reicht.'

Der jeweilige Verweistext wird bei der Anzeige im Browser dann deutlich als maussensitives Segment dargestellt (in der Regel durch farbliche Hervorhebung und Unterstreichung). Sofern die als Parameter vorgegebene Verweiszieladresse korrekt ist, wird beim Anklicken dieses Textsegments das referenzierte Dokument aufgerufen und angezeigt.

Bild 3.21: So funktioniert ein Hyperlink

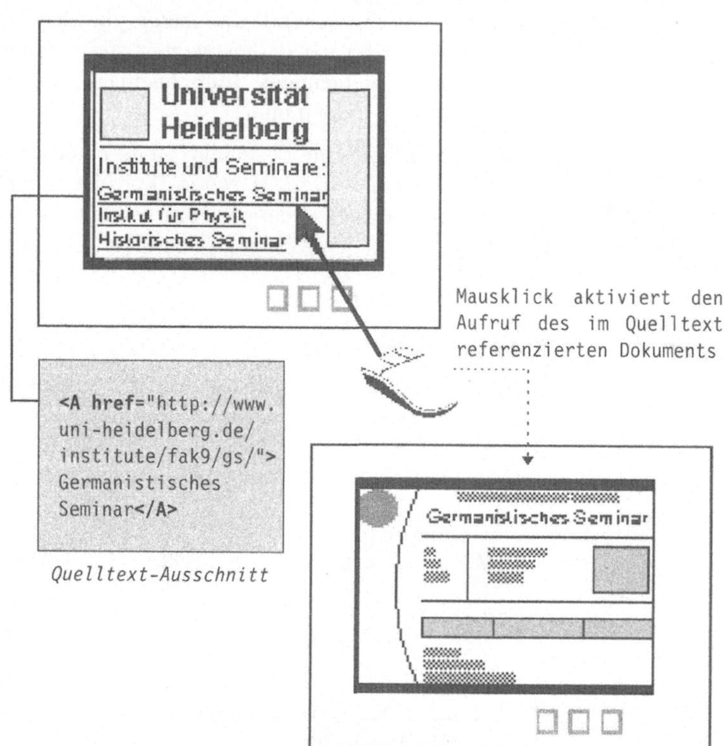

So wird's gemacht

Links erstellen in HOME SITE

HOME SITE bietet einen Assistenten zum Erstellen von Links, der nach Eingabe des URL und des Verweistextes die notwendige Syntax automatisch generiert. Platzieren Sie hierzu den Cursor an derjenigen Stelle des Quelltextes, an welcher der gewünschte Link eingefügt werden soll. Betätigen Sie dann mit der Maus die Schaltfläche „Anchor" und füllen Sie die Felder „HREF" und „Description" des sich öffnenden Formulars aus. Nach Bestätigung mit „OK" oder der RETURN-Taste wird ein entsprechender Link an der vorgesehenen Position in das Dokument eingefügt.

Bild 3.22: Der „Anchor"-Assistent in HOME SITE 4.0

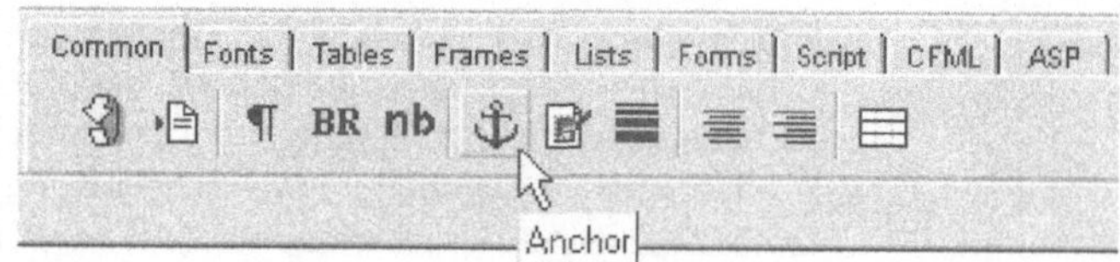

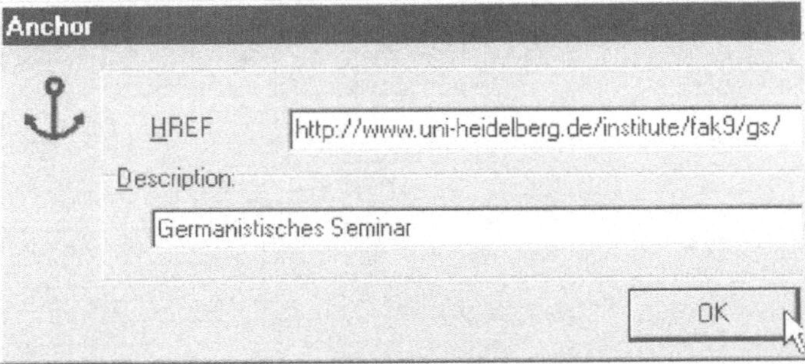

Links erstellen in FRONT PAGE

Mit FRONT PAGE lassen sich Links direkt in der Online-Vorschau erstellen. Bringen Sie den Cursor in Position und wählen Sie aus dem Menü „Einfügen“ die Option „Hyperlink“. Anschließend werden Ihnen mehrere Typen von Hyperlinks zur Auswahl geboten, die Sie erstellen können. Mit der Option „Mit Hilfe des Webbrowsers eine Seite oder Datei auswählen“ startet das Programm den MICROSOFT-Browser INTERNET EXPLORER. Dort können Sie dann – sofern Sie gerade online sind – eine WWW-Seite aufrufen. Kehren Sie anschließend zu FRONT PAGE zurück und bestätigen Sie mit „OK“ oder der RETURN-Taste. Ein Link auf die ausgewählte Seite wird dann automatisch erstellt. Als Verweistext wird der Titel der im Browser aufgerufenen Seite verwendet.

Sofern Sie offline arbeiten, können Sie das gewünschte Verweisziel auch direkt in das Formularfeld „URL“ eintragen. Falls das Dokument, auf welches Sie verweisen möchten, in einer Datei gespeichert ist, die sich auf Ihrer Festplatte befindet, so können Sie diese Datei auch über die Funktion „Suchen“ auswählen. Befindet sich die Datei im selben Verzeichnis wie das Dokument, an dem Sie gerade arbeiten, so wird Ihnen diese Datei direkt zur Auswahl angeboten, für die Sie sich per Mausklick entscheiden können (in Bild 3.23 beispielsweise die Datei „Seite1.htm“ oder „Seite2.htm“).

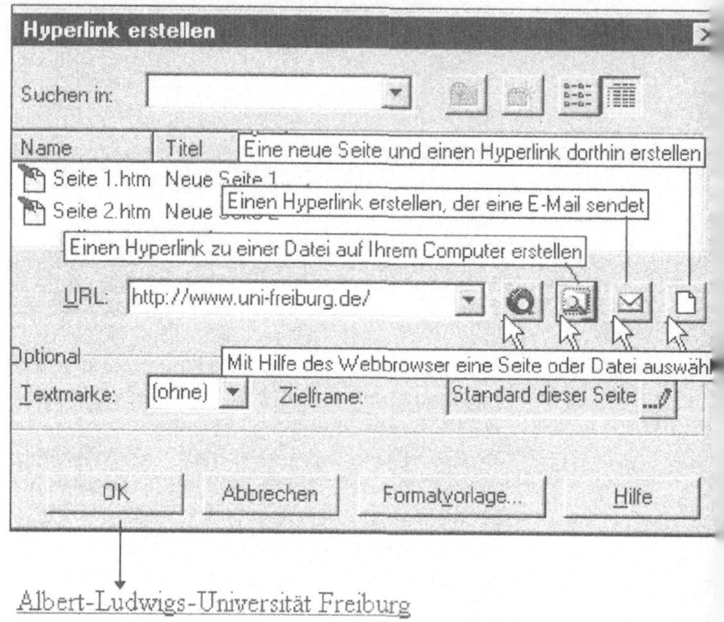

Bild 3.23: Der Hyperlink-Assistent in FRONT PAGE

3.2.4.3 Dokument*interne* Links

Um auf dokumentinterne Anker verweisen zu können, müssen diese zunächst einmal definiert werden, indem man an der Stelle, auf die man verweisen möchte, ein Tag einfügt, das dieser Stelle einen Namen zuweist:

Syntax von Ankern

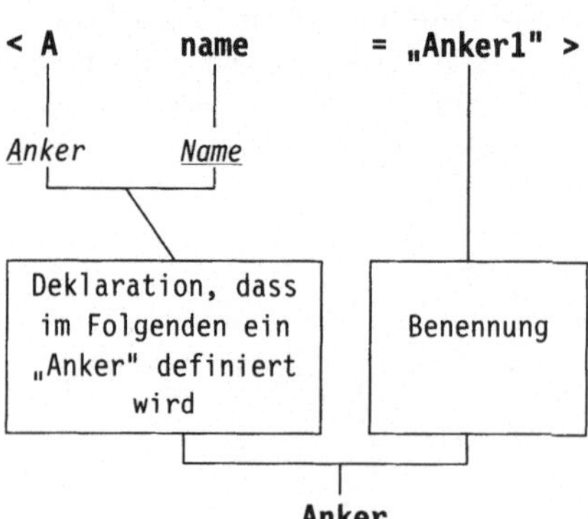

Da dieses Tag keine Angaben enthält, die sich auf die Formatierung eines Textsegments beziehen, sondern lediglich dazu dient, eine bestimmte Stelle im Dokument eindeutig zu markieren, bedarf es keines abschließenden *</A>*, um korrekt und für den Browser verständlich verwendet zu werden.

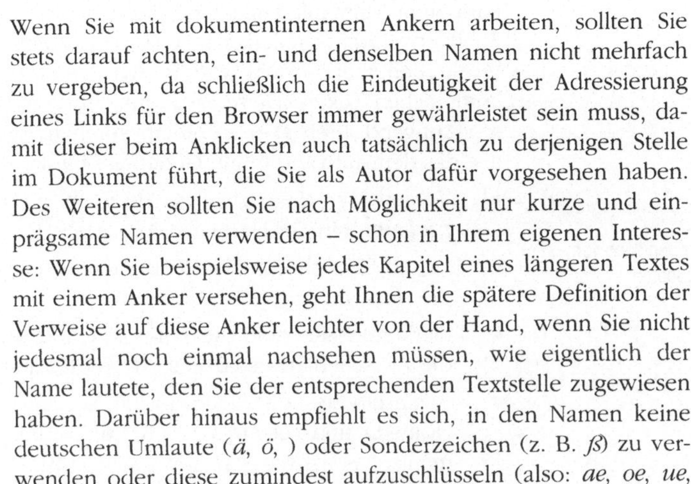

Wenn Sie mit dokumentinternen Ankern arbeiten, sollten Sie stets darauf achten, ein- und denselben Namen nicht mehrfach zu vergeben, da schließlich die Eindeutigkeit der Adressierung eines Links für den Browser immer gewährleistet sein muss, damit dieser beim Anklicken auch tatsächlich zu derjenigen Stelle im Dokument führt, die Sie als Autor dafür vorgesehen haben. Des Weiteren sollten Sie nach Möglichkeit nur kurze und einprägsame Namen verwenden – schon in Ihrem eigenen Interesse: Wenn Sie beispielsweise jedes Kapitel eines längeren Textes mit einem Anker versehen, geht Ihnen die spätere Definition der Verweise auf diese Anker leichter von der Hand, wenn Sie nicht jedesmal noch einmal nachsehen müssen, wie eigentlich der Name lautete, den Sie der entsprechenden Textstelle zugewiesen haben. Darüber hinaus empfiehlt es sich, in den Namen keine deutschen Umlaute (*ä*, *ö*,) oder Sonderzeichen (z. B. *ß*) zu verwenden oder diese zumindest aufzuschlüsseln (also: *ae*, *oe*, *ue*, ..., *ss*).

Bei Verweisen innerhalb des Dokuments kann der zugewiesene Name dann als Verweiszieladresse verwendet werden. Hierbei ist jeweils eine Raute (#) voranzustellen, die dem Browser besagt, dass es sich bei dem Parameter um eine Adresse handelt, die nicht als URL zu interpretieren, sondern *innerhalb* des Dokuments zu suchen ist:

```
ELEMENT    Attribut        = „[Parameter]"
   :          :                 :
< A          href          = „#Anker1" >  Verweistext  </A>
```

Inhaltsverzeichnisse als „Sprungbrett" in längere Texte

Dokumentinterne Verweise lassen sich sehr gut dazu verwenden, eine optimale Benutzbarkeit gerade längerer HTML-Dokumente bereitzustellen. So können bei gegliederten (z. B. wissenschaftlichen) Texten etwa die einzelnen Punkte des Inhaltsverzeichnisses als Links definiert werden, um dem Benutzer die Möglichkeit zu geben, einzelne Abschnitte und Kapitel gezielt „anzuspringen", anstatt sich bei der Suche nach einer gewünschten Passage durch das Dokument scrollen zu müssen (vgl. Bild 3.25). Auch für die Realisierung von Fußnoten bieten

dokumentinterne Links eine passable Lösung: Während es nach wie vor ein leidiges Problem darstellt, dass Fußnoten bei der automatischen Konvertierung eines Textes zu HTML (beispielsweise in WORD 97) nicht berücksichtigt werden, kann man durch manuelles Auszeichnen von Fußnotenverweisen und Fußnotentexten mit Links und Ankern ein Netz aus Hin- und Rückverweisen erstellen, das Fußnoten zumindest in ähnlicher Weise benutzbar macht wie in der Druck-Version eines herkömmlichen Textes. Diese Prozedur erfordert zwar einen gewissen Aufwand, führt aber zu einem durchaus praktikablen Ergebnis, das den Aufwand lohnt. Gehen Sie hierzu wie folgt vor:

So wird's gemacht

Umwandlung von Fußnoten

- Vergewissern Sie sich, dass Sie in Ihrem Textverarbeitungsprogramm in der Normalansicht arbeiten.
- Lassen Sie sich sämtliche Fußnoten anzeigen (in WORD über die Auswahl ANSICHT → FUßNOTEN).
- Markieren Sie sämtliche Fußnoten und kopieren Sie sie in die Zwischenablage (BEARBEITEN → KOPIEREN).
- Wechseln Sie nun wieder in die Normalansicht (ANSICHT → NORMAL) und setzen Sie den Cursor ans Ende des Dokuments.
- Fügen Sie nun den kopierten Text ein (BEARBEITEN → EINFÜGEN).
- Ersetzen Sie sämtliche Fußnotenzeichen durch die Angabe der laufenden Nummer in Klammern.
- Verfahren Sie im Text Ihres Dokuments genauso: Löschen Sie jeweils die Fußnotenzeichen und ersetzen Sie sie durch die Nummer der Fußnote in Klammern.
- Falls Sie mit einem speziellen HTML-Editor weiterarbeiten möchten, markieren Sie nun Ihren gesamten Text, kopieren Sie ihn und fügen Sie ihn in ein HTML-Dokument ein (z. B. in HOME SITE).
- Fügen Sie nun sowohl im Text als auch in den (ehemaligen) Fußnoten am Ende des Textes jeweils HTML-Tags ein, die den in Klammern gesetzten Zahlen Namen zuweisen. (Sie können hierzu und im folgenden den Hyperlink-Assistenten Ihres HTML-Editors verwenden).
- Fügen Sie nun in einem weiteren Schritt HTML-Tags ein, die die in Klammern gesetzten Zahlen im Text als Links auf die jeweils zugehörigen (ehemaligen) Fußnoten definieren.

- Fügen Sie nun am Ende jeder Fußnote den Text „Zurück zur Textstelle“ ein und definieren Sie ihn als Link, der zu derjenigen Stelle im Text zurückführt, von der aus auf die Fußnote verwiesen wurde.

Beispiel:

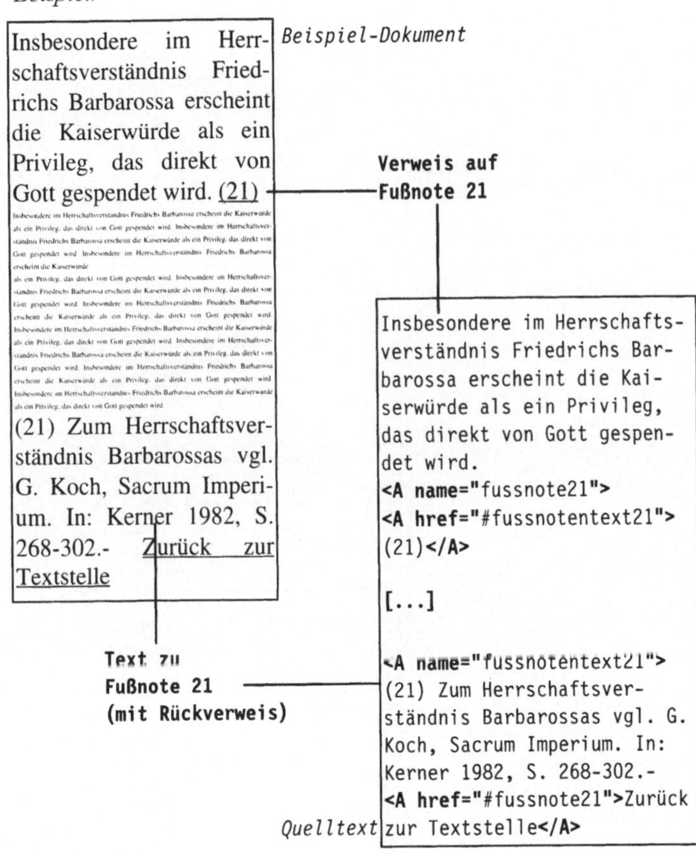

Bild 3.24: Umwandlung von Fußnoten

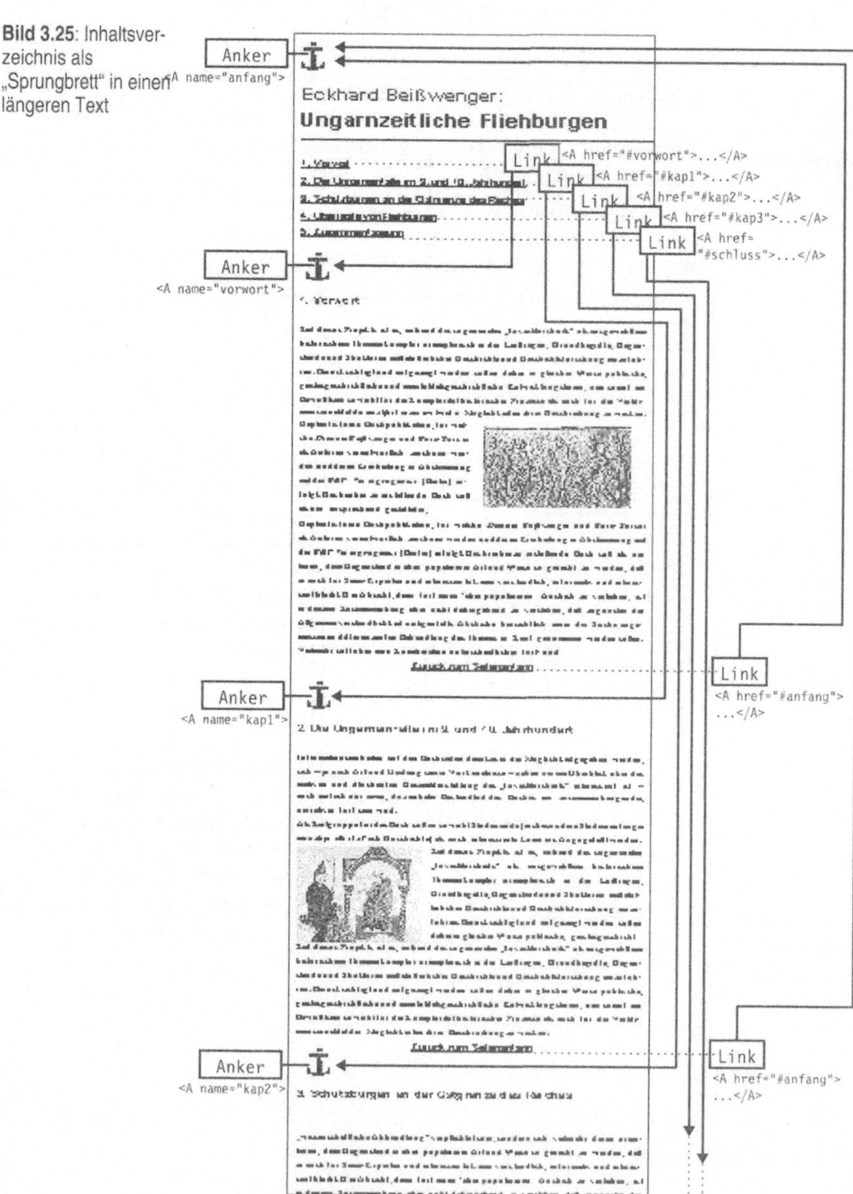

Bild 3.25: Inhaltsverzeichnis als „Sprungbrett" in einen längeren Text

Von extern auf eine bestimmte Stelle in einem Dokument verweisen

Wenn Sie in einem Dokument Anker definiert haben, dann können Sie anschließend nicht nur intern, sondern auch von extern auf diese verweisen. Hierzu erweitern Sie den in der Deklaration eines (dokuemtn*externen*) Links als Verweisziel angegebenen URL einfach um den – von einer Raute eingeleiteten – Namen des entsprechenden Ankers:

```
<A href="www.gs.uni-heidelberg.de/~beisswen/
text1.htm#kap03">Text 1, Kapitel 3</A>
```

Bei der Aktivierung eines solchen Links wird das referenzierte Dokument nicht an seinem Anfang geöffnet, sondern direkt an derjenigen Stelle, der im Quelltext der jeweilige Anker – im Beispiel „#kap03“ – zugewiesen ist.

Wenn Sie auf diese Weise Links auf Dokumente anderer Autoren definieren möchten, sollten Sie sich zuerst vergewissern, ob in den entsprechenden Dokumenten überhaupt Anker definiert sind und wenn ja, welche Namen diese tragen. Dies können Sie herausfinden, indem Sie sich bei der Ansicht eines Dokuments im Browser den zugehörigen Quelltext anzeigen lassen. Im NETSCAPE-Browser gelingt dies über die Option „Ansicht“ → „Seitenquelltext“, im MICROSOFT INTERNET EXPLORER über die Option „Ansicht“ → „Quelltext“.

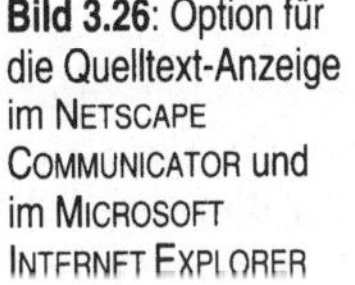

Bild 3.26: Option für die Quelltext-Anzeige im NETSCAPE COMMUNICATOR und im MICROSOFT INTERNET EXPLORER

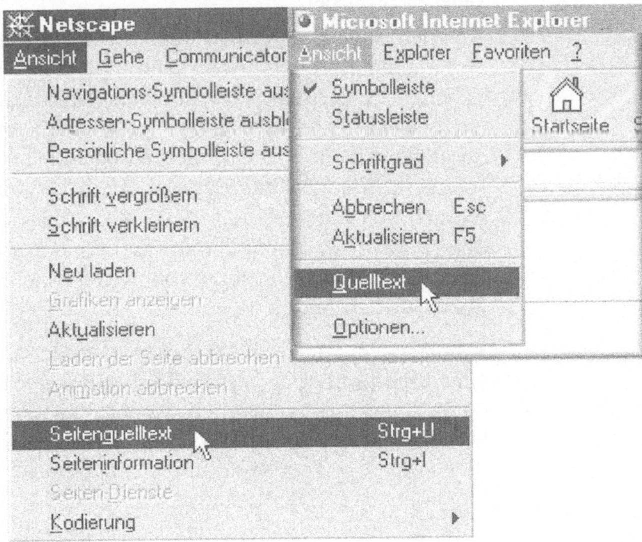

3.2.4.4 Der MAILTO-Link

Anhand des Schlüsselworts *mailto* lassen sich Links definieren, bei deren Aktivierung der Browser ein E-Mail-Formular aufruft, in welches die Empfängeradresse bereits voreingetragen ist. Links diesen Typs ermöglichen es, schnell und unkompliziert direkt über eine WWW-Seite mit deren Autor Kontakt aufzunehmen, ohne zuerst ein Mailprogramm starten zu müssen. Die hierzu erforderliche HTML-Deklaration entspricht der üblichen Hyperlink-Deklaration, allerdings mit dem Unterschied, dass anstatt eines URL als Verweisziel eine E-Mail-Adresse einschließlich der Aufforderung *mailto:* eingetragen wird:

```
<A href="MAILTO:Michael.Beisswenger@urz.uni-heidelberg.de">
Mail an den Autor</A>
```

> *Lies:* 'Der folgende Text bis zur Markierung </A> sei als ein maussensitives Textsegment definiert, bei dessen Aktivierung folgende Anweisung ausgeführt werden soll: *Öffne ein E-Mail-Formular für das Verfassen einer Nachricht an Michael.Beisswenger@urz.uni-heidelberg.de.*'

3.2.5 Tabellen/Textfelder

Tabellen stellen aufgrund ihrer vielseitigen Einsetzbarkeit eine der am häufigsten verwendeten HTML-Komponenten dar. Mit Tabellen lassen sich nicht nur Texte und Daten strukturiert auf einer WWW-Seite anordnen, sondern auch grundlegende Anforderungen an die visuelle Gestaltung einer Seite realisieren, insofern sie wie Textfelder verwendet werden können, mittels derer sich beispielsweise ein bestimmter Abstand des darzustellenden Textes zur Randbegrenzung des Anzeigefensters erzielen lässt. Auch die Anordnung von Text in mehreren Spalten kann über Tabellen realisiert werden.

Tabellen werden in HTML *zeilenorientiert* aufgebaut, das heißt, eine Tabelle besteht grundsätzlich aus einer oder mehreren Tabellen*zeilen*, die wiederum jeweils eine bis beliebig viele Tabellen*zellen* enthalten. Das, was in der Tabelle dargestellt werden soll (Text, Grafiken, etc.), wird grundsätzlich in die *Zellen* geschrieben. Die Einbettung dieser Zellen in eine jeweils spezifische Zeilenstruktur gewährleistet die geordnete Darstellung ihrer Inhalte.

Eine Tabelle ist somit eine HTML-Komponente, die nicht lediglich aus einem, sondern aus drei hierarchisch unterschiedenen Elementen besteht: Zuoberst steht die *Tabelle* als Ganze. Dieser sind die Tabellen*zeilen* untergeordnet, von denen wiederum die einzelnen *Zellen* abhängig sind:

Bild 3.27: Hierarchische Struktur von Tabellen

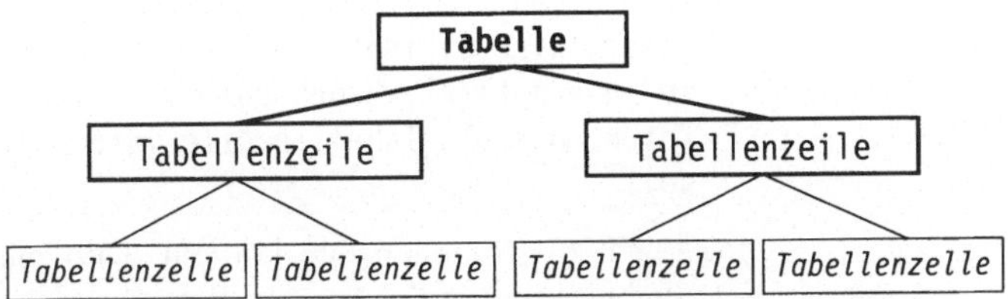

Der Aufbau einer Tabelle im Quelltext des zu erstellenden WWW-Dokuments erfolgt linear, das heißt, zunächst wird eine Tabelle deklariert, die dann Zeile um Zeile (und innerhalb der Zeilen Zelle um Zelle) schrittweise aufgefüllt wird:

```
(Tabelle  (Zeile 1 (Zelle 1, Zelle 2, ..., Zelle n)),
          (Zeile 2 (Zelle 1, Zelle 2, ..., Zelle n)),
          ... ,
          (Zeile n (Zelle 1, Zelle 2, ..., Zelle n)) )
```

3.2.5.1 Tabellendeklaration und -syntax

Zunächst muss dem Browser derjenige Bereich im Dokument kenntlich gemacht werden, der als Tabelle interpretiert werden soll. Dies geschieht mittels eines Elements *TABLE* und der üblichen Syntax für HTML-Tags:

```
<TABLE>
...
</TABLE>
```

Lies: 'Hier beginnt ein Bereich, der als Tabelle interpetiert werden soll ... Hier endet der Bereich, der als Tabelle interpretiert werden soll'

Innerhalb des somit definierten Bereichs wird anschließend mittels des Elements *TR* ('table row') ein Unterbereich deklariert, der als Tabellen*zeile* interpretiert werden soll:

```
<TABLE>
   <TR>
   ...
   </TR>
</TABLE>
```

Lies: 'Hier beginnt ein Bereich, der als Tabellen*zeile* interpetiert werden soll ... Hier endet der Bereich, der als Tabellen*zeile* interpretiert werden soll'

Innerhalb der Tabellenzeile können dann mittels des Elements *TD* ('table data') beliebig viele Bereiche deklariert werden, die jeweils als Tabellen*zelle* interpretiert werden sollen:

```
<TABLE>
   <TR>
      <TD> ... </TD>
      <TD> ... </TD>
      <TD> ... </TD>
   </TR>
</TABLE>
```

Lies jeweils: 'Hier beginnt ein Bereich, der als Tabellen*zelle* interpetiert werden soll ... Hier endet der Bereich, der als Tabellen*zelle* interpretiert werden soll'

In die Zellen kann dann derjenige Inhalt eingefügt werden, der für die Darstellung in der Tabelle vorgesehen ist:

```
<TABLE>
   <TR>
      <TD>Januar</TD>
      <TD>Februar</TD>
      <TD>März</TD>
   </TR>
</TABLE>
```

Alle Zellen, die innerhalb eines Bereichs *<TR>* ... *</TR>* eingefügt werden, werden bei der Anzeige im Browser in ein- und derselben Zeile dargestellt. Im obigen Fall wäre bei der Anzeige also eine einzeilige tabellarische Anordnung mit drei Zellen (Spalten) zu sehen:

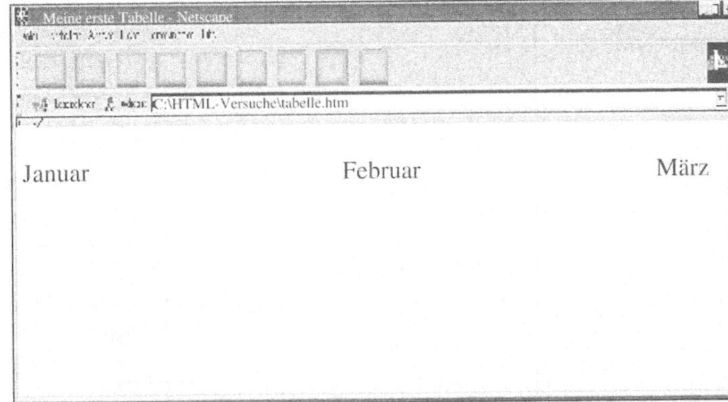

Bild 3.28: Eine einfache Tabelle mit einer Zeile und drei Zellen bei der Anzeige im Browser

Das Einfügen weiterer Zeilen erfolgt analog zu oben. Das Grundgerüst einer dreizeiligen Tabelle mit je drei Zellen pro Zeile sähe im Quelltext somit aus wie folgt:

```
<TABLE>
   <TR>
      <TD> ... </TD>
      <TD> ... </TD>
      <TD> ... </TD>
   </TR>
   <TR>
      <TD> ... </TD>
      <TD> ... </TD>
      <TD> ... </TD>
   </TR>
   <TR>
      <TD> ... </TD>
      <TD> ... </TD>
      <TD> ... </TD>
   </TR>
</TABLE>
```

Den Tabellenelementen *TABLE* und *TD* lassen sich anhand von Attributen eine Reihe von Eigenschaften zuweisen, die es erlauben, die Darstellung der Tabelle gemäß den eigenen Wünschen zu modifizieren. Die wichtigsten Attribute zum Element *TABLE* sind:

Übersicht: Tabelleneigenschaften

`<TABLE width="...">`	Tabellenbreite in Pixeln oder in Prozent (relativ zur Breite des Anzeigefensters) *Bsp.:* <TABLE **width=**“750“> <TABLE **width=**“85%“>
`<TABLE border="...">`	Rahmenstärke von Tabellenumrandung und Gitternetz in Pixeln *Bsp.:* <TABLE **border=**“3“>
`<TABLE bordercolor="...">`	Farbe von Rahmen und Gitternetzlinien *Bsp.:* <TABLE **bordercolor=**“#000080“>
`<TABLE cellspacing="...">`	Abstand zwischen den Zellen in Pixeln *Bsp.:* <TABLE **cellspacing=**“10“>
`<TABLE cellpadding="...">`	Abstand des Zelleninhalts zum Zellenrand in Pixeln *Bsp.:* <TABLE **cellpadding=**“5“>
`<TABLE align="...">`	Ausrichtung der Tabelle im Anzeigefenster (Parameter: „left“, „right“, „center“) *Bsp.:* <TABLE **align=**“center“>
`<TABLE bgcolor="...">` `<TABLE background="...">`	Zuweisung einer Hintergrundfarbe oder -grafik für die gesamte Tabelle *Bsp.:* <TABLE **bgcolor=**“#C0C0C0“>

Dem Element *TD* für die Deklaration der Zellen lassen sich darüber hinaus anhand der Attribute *width* und *height* feste Werte (in Pixeln oder Prozent) für Höhe und Breite zuweisen. Verzichtet man auf diese Attribute, so wird die Darstellung der Zellenaufteilung innerhalb der Tabelle vom Browser dynamisch vorgenommen, das heißt, Zellen mit viel Inhalt erscheinen in der Anzeige breiter als Zellen mit nur wenig Inhalt und auch die Höhe der einzelnen Zeilen wird dem Umfang des Inhalts angepasst.

Darüber hinaus lässt sich innerhalb einzelner Zellen der Hintergrund variieren: Mit einer Angabe *<TD bgcolor="...">* im Start-Tag einer Zellendeklaration wird der Browser angewiesen, für diese Zelle eine ganz bestimmte Hintergrundfarbe zu verwenden, selbst wenn im Rahmen der Tabellendeklaration („*TABLE bgcolor*") bereits ein Hintergrund definiert ist, der für die gesamte Tabelle gelten soll.

Die wichtigsten Attribute zum Element *TD* im Überblick:

Übersicht: Eigenschaften von Tabellenzellen

`<TD width="...">`	Zellenbreite in Pixeln oder in Prozent *Bsp.:* <TD **width**="60">
`<TD height="...">`	Zellenhöhe in Pixeln oder Prozent *Bsp.:* <TD **height**="60">
`<TD bgcolor="...">` `<TD background="...">`	Zellenhintergrund (Farbwert oder Grafik) *Bsp.:* <TD **bgcolor**="#C0C0C0">
`<TD valign="...">`	Vertikale Ausrichtung ('vertical align') des Zelleninhalts (*top/middle/bottom*)

Versuchen Sie sich zur Einübung in den Umgang mit Tabellen doch einmal an der Erstellung des nachfolgenden Beispiels. Variieren Sie anschließend die Attribute und Parameter und sehen Sie, was sich in der Online-Ansicht jeweils verändert.

Bild 3.29: Schachbrett

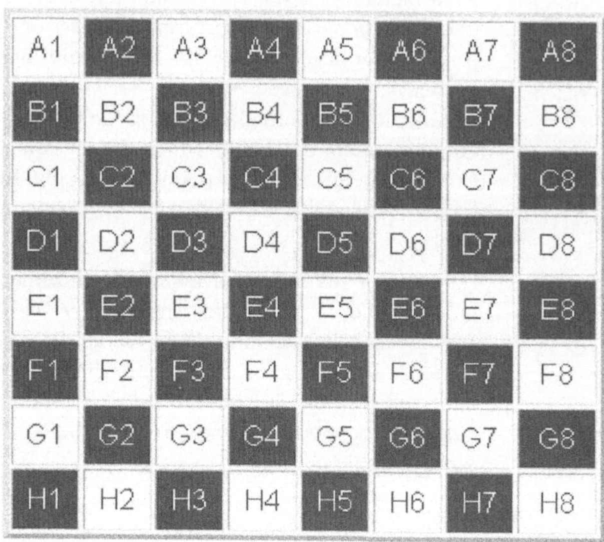

Übung: Tabellen erstellen in HTML

Aufgabe: Erstellen Sie die Ansicht eines Schachbretts, das auf dem Bildschirm die Hälfte der Anzeigebreite einnimmt, dessen Rahmenlinie eine Stärke von 3pt aufweist und dessen Zellen jeweils eine Höhe von exakt 60pt besitzen. Achten Sie auf alternierende Färbung der einzelnen Felder (schwarz-weiß). Beschriften Sie die Felder (A1-H8) jeweils in derjenigen Farbe, die nicht Hintergrundfarbe ist. Die Beschriftungen sollen dabei zentriert erscheinen und zu den Rändern des Feldes nach allen Seiten einen einheitlichen Abstand aufweisen.

Für die Tabellenerstellung bieten die verschiedenen Editoren nützliche Assistenten an, die es Ihnen ersparen, jedes Tag von Hand eingeben zu müssen.

3.2.5.2 Tabellen als Textfelder

Der Vorteil an Tabellen ist, dass sie vom Browser innerhalb des Dokuments als herausgehobene Bereiche behandelt werden, vergleichbar etwa den Textfeldern in WORD FÜR WINDOWS oder anderen Textverarbeitungsprogrammen: Tabellen werden als weitgehend eigenständige Einheiten „über das Dokument gelegt", so dass innerhalb ihrer Grenzen die für das Dokument definierten globalen Textfarben- und Hintergrundeigenschaften aufgehoben sind. Auch *FONT*-Zuweisungen verlieren ihre Wirkung, wo innerhalb ihres Gültigkeitsbereichs eine Tabelle eingefügt ist. Dies eröffnet die Möglichkeit, mittels Tabellen in Teilen eines Dokuments beispielsweise die Hintergrundgestaltung zu variieren, falls gewünscht sogar in jeder einzelnen Zelle (mit *TD bgcolor*, vgl. oben). So lassen sich Tabellen dazu verwenden, Teile eines Textes farblich zu unterlegen oder hervorzuheben.

Das Design der nachfolgend abgebildeten Dokumentansicht beruht beispielsweise auf Grau (Farbwert „#C0C0C0") als global definierter Hintergrundfarbe, das durch zwei rahmenlose einzeilige Tabellen mit jeweils zwei zeileninternen Zellen „durchbrochen" wird:

Bild 3.30: Tabellen als Textfelder

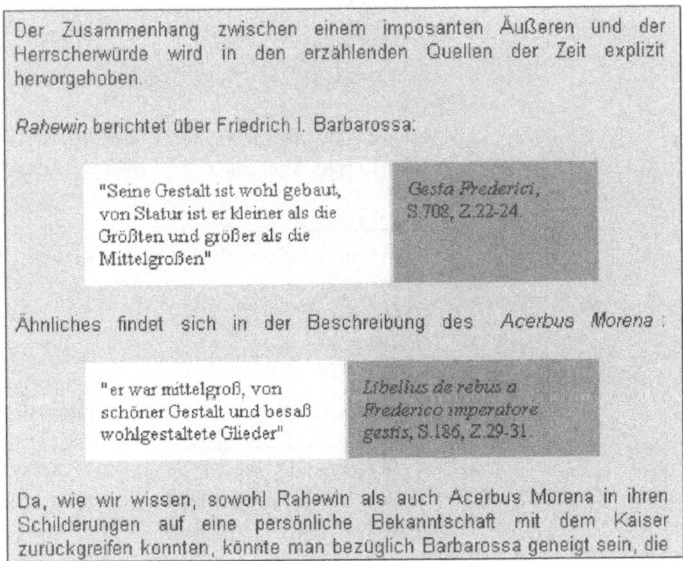

Der Zusammenhang zwischen einem imposanten Äußeren und der Herrscherwürde wird in den erzählenden Quellen der Zeit explizit hervorgehoben.

Rahewin berichtet über Friedrich I. Barbarossa:

"Seine Gestalt ist wohl gebaut, von Statur ist er kleiner als die Größten und größer als die Mittelgroßen"	*Gesta Frederici*, S.708, Z.22-24

Ähnliches findet sich in der Beschreibung des *Acerbus Morena*:

"er war mittelgroß, von schöner Gestalt und besaß wohlgestaltete Glieder"	*Libellus de rebus a Frederico imperatore gestis*, S.186, Z.29-31

Da, wie wir wissen, sowohl Rahewin als auch Acerbus Morena in ihren Schilderungen auf eine persönliche Bekanntschaft mit dem Kaiser zurückgreifen konnten, könnte man bezüglich Barbarossa geneigt sein, die

Das Grundgerüst des diesem Dokument zugrunde liegenden Quelltextes könnte in etwa wie folgt aussehen:

```
<HTML>
<HEAD>
<TITLE>Friedrich Barbarossa in Quellen seiner
        Zeit</TITLE>
</HEAD>
```

```
    <BODY BGCOLOR="#COCOCO">
    <FONT face="Arial" size="3">
    <P align="justify">Der Zusammenhang zwischen einem
           imposanten Äußeren und...
10  <P align="justify"><i>Rahewin</i> berichtet über Fried
           rich I. Barbarossa:
    <TABLE width="75%" bgcolor="#FFFFFF" border="0"
    cellpadding="10" align="center">
    <TR>
15  <TD valign="top">"Seine Gestalt ist wohl gebaut..."</TD>
    <TD valign="top" bgcolor="#808080"><i>Gesta
    Frederici...</TD>
    </TR>
    </TABLE>
20  <P align="justify">Ähnliches findet sich in der
    Beschreibung des <i>Acerbus Morena</i>:
    <TABLE width="75%" bgcolor="#FFFFFF" vorder="0"
    cellpadding="10" align="center">
    <TR>
25  <TD valign="top">"er war mittelgroß,...</TD>
    <TD valign="top" bgcolor="#808080"><i>Libellus de...</TD>
    </TR>
    </TABLE>
    <P align="justify">Da, wie wir wissen, sowohl Rahewin...
30  </FONT>
    </BODY>
    </HTML>
```

Ein Vergleich des Quelltextes mit der Browseransicht in Bild 3.30 zeigt, dass die Formatangabe für Schriftart und -größe, die von Zeile 7 (*<FONT...>*) bis Zeile 30 (*</FONT>*) gültig ist, bei der Darstellung des Tabelleninhalts ignoriert wird. Der Text in den Tabellenzellen wird stattdessen in den Standard-Schriftformaten (Browser-Voreinstellung: Times New Roman, 12pt) zur Anzeige gebracht.

Möchte man dem Inhalt einer Tabelle dieselben Schrifteigenschaften zuweisen, die auch für das übrige Dokument gelten, so ist es notwendig, die *FONT*-Deklaration jeweils innerhalb der einzelnen Zellen zu wiederholen. Ebenso sind Angaben zum Absatzformat jeweils Zelle für Zelle einzeln zu explizieren:

```
<TD valign="top"><FONT face="Arial" size="3">
```

```
<P align="justify">"Seine Gestalt ist wohl
gebaut..."</FONT></TD>
<TD valign="top" bgcolor="#808080"><FONT face="Arial"
size="3"><P align="justify"><i>Gesta Frederici...
</FONT></TD>
```

Unser Beispieldokument könnte nun also wie folgt aussehen:

Bild 3.31: Tabellen als Textfelder II

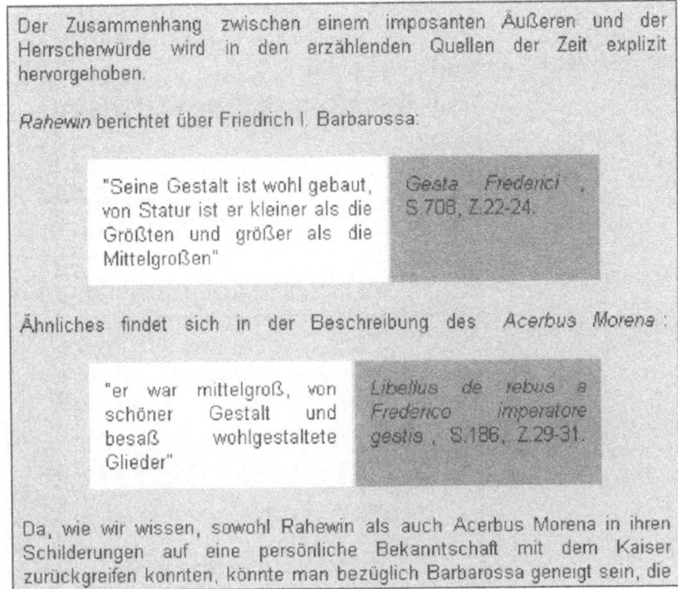

Simulation von „Einzügen“ und „Seitenrändern“

Des Weiteren lassen sich mittels Tabellen Textfluß, Einzüge und Randbreiten simulieren. Da es im WWW genau genommen keine „Seiten“ im herkömmlichen Sinne gibt, sondern die Menge an Text, die jeweils auf einmal angezeigt werden kann, abhängig ist von Bildschirmgröße und spezifischer Gestaltung der Benutzeroberfläche des jeweils verwendeten Browsers, gibt es auch keine festen „Anzeigeränder“, die man definieren oder verändern könnte. Da sich Tabellen allerdings relativ zur Größe des Anzeigefensters bestimmen lassen (*<TABLE width=“...%“>*), ist es möglich, den gesamten Inhalt eines Dokumentkörpers (*<BODY>...</BODY>*) in einer zentriert ausgerichteten Tabelle darzustellen, die Breite dieser Tabelle prozentual zum Anzeigefenster zu definieren und somit zu erreichen, dass bei der Darstellung des Dokumentinhalts links und rechts ein gewisser Rand zu den Fensterbegrenzungen erscheint.

Die nachfolgenden Beispiele zeigen ein- und denselben Text, einmal ohne Tabellen realisiert und jeweils einmal umschlossen von einer Tabelle mit 70% und 50% Breite. Die Tabellen bestehen jeweils aus nur einer Zeile mit einer Zelle, in welcher der gesamte Dokumentinhalt erscheint.

Bild 3.32: Tabellen als Textfelder III: Simulation von Seitenrändern

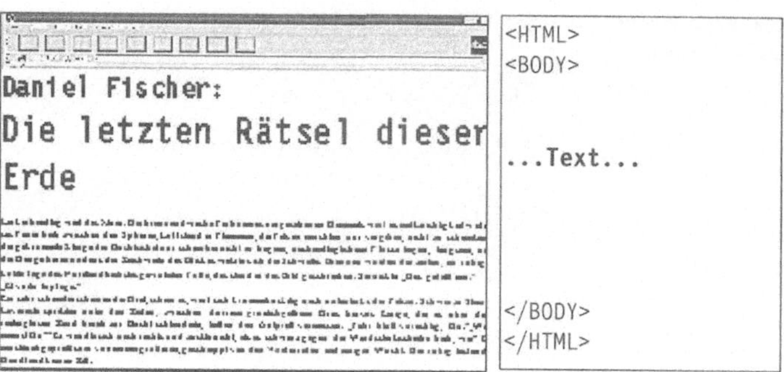

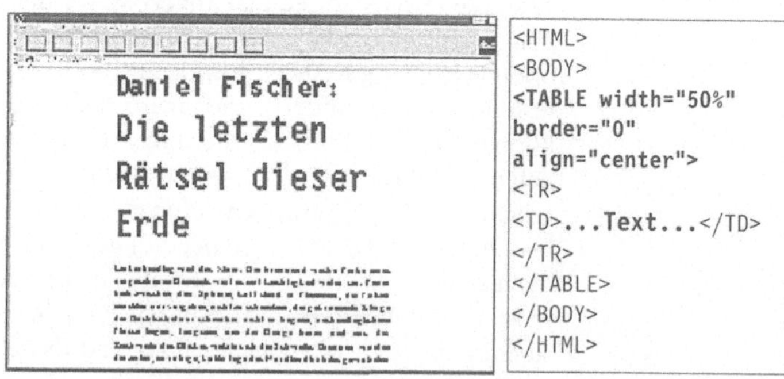

Auf ähnliche Weise lässt sich auch eine Spaltenaufteilung des darzustellenden Textes vornehmen. Eine solche sollte allerdings nur dann gewählt werden, wenn definitiv davon auszugehen ist, dass der Umfang des Textes auch auf kleinen Bildschirmen die Anzeigegröße nicht überschreitet, da der Text ansonsten nur durch permanentes Hin- und Herscrollen erfassbar ist. Generell sollte man stets darum bestrebt sein, dem Benutzer den Umgang mit einem Dokument so einfach als möglich zu gestalten.

Bild 3.33: Tabellen als Textfelder IV: Simulation von Spalten

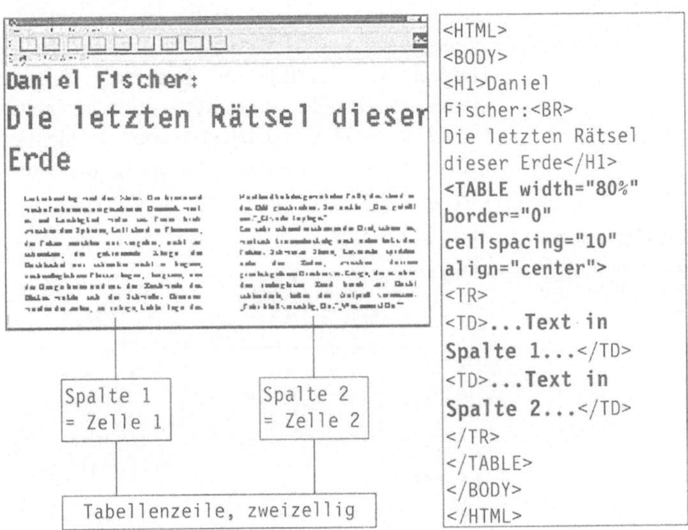

3.2.5.3

Tabellen verschachteln

Wie Sie gesehen haben, sind Tabellen im Grunde an sich schon eine verschachtelte Angelegenheit, insofern sie das Setzen mehrerer unterschiedlicher Elemente erfordern, die hierarchisch von einander abhängen und daher in einer ganz bestimmten Reihenfolge zu verwenden sind:

Bild 3.34: Hierarchische Struktur einer einfachen Tabelle

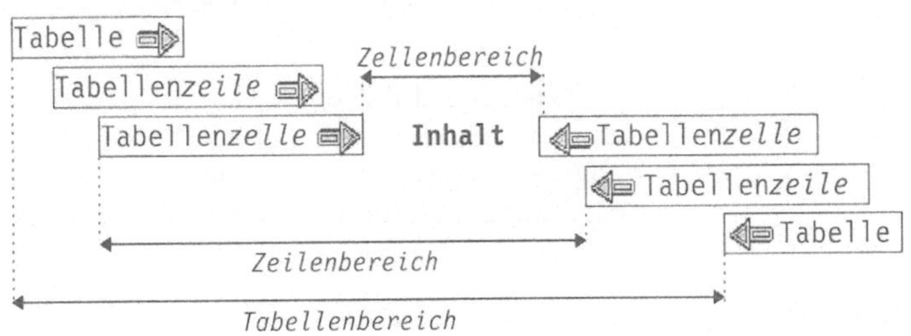

Eine Tabelle (*<TABLE>...</TABLE>*) erfordert als Inhalt zunächst einmal eine *Zeile*, der Inahlt einer *Zeile* (*<TR>...</TR>*) ist eine *Zelle* und eine *Zelle* (*<TD>...</TD>*) schließlich beinhaltet all das, was letztlich in der gewünschten tabellarischen Form dargestellt werden soll. Der Inhalt einer Zelle kann sämtliche HTML-Tags enthalten, die allgemein innerhalb des *BODY*-Bereichs eines Dokuments zulässig sind. Dies bedeutet, dass ohne Weiteres nach der Deklaration einer Tabellenzelle als *Inhalt* dieser Zelle problemlos eine weitere Tabelle geöffnet werden kann. Auf diese Weise lassen sich Tabellenstrukturen beliebig verschachteln. Hierbei ist allerdings zu beachten, dass die Struktur einer „inneren" Tabelle komplett zuende geführt werden muss (*...</TD> </TR> </TABLE>*), bevor die jeweilige Zelle der „äußeren" – also hierarchisch übergeordneten – Tabelle, in welche sie als Inhalt eingebettet ist, wieder geschlossen wird:

Bild 3.35: Hierarchische Struktur einer verschachtelten Tabelle

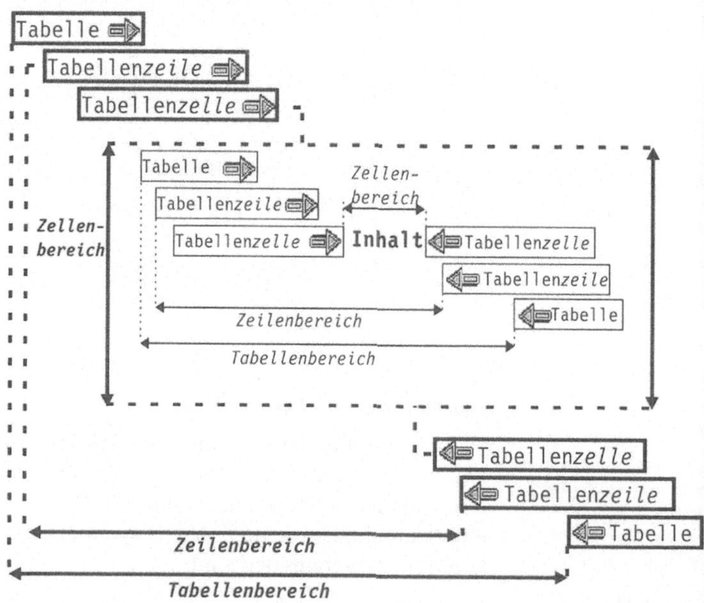

Verschachtelte Tabellen finden in der HTML-Praxis vor allem dann Verwendung, wenn es darum geht, eine komplexe Anordnung von Textfeldern zu simulieren und/oder anspruchsvolle Textarrangements und Gestaltungsideen zu realisieren.

Bild 3.36 zeigt einen Dokumentausschnitt, dessen spezifische Art der Darstellung ausschließlich anhand von Tabellen erzielt wurde:

Bild 3.36: Dokumentgestaltung mit Tabellen

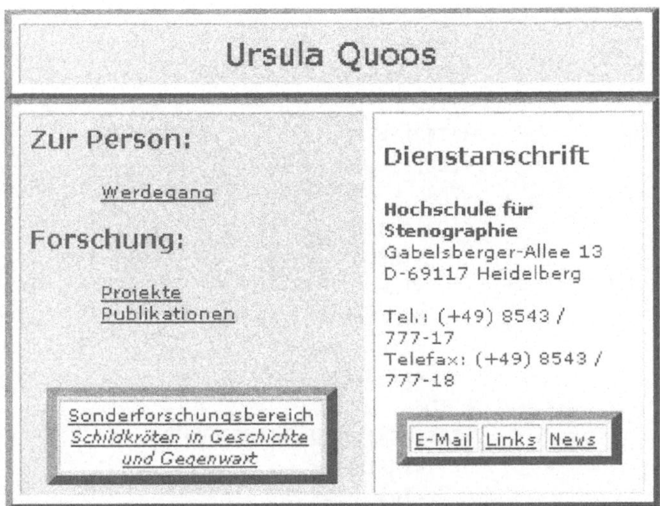

Die Tabellenstruktur dieses Dokumentausschnitts lässt sich wie folgt darstellen:

Bild 3.37: Tabellenstruktur zu Bild 3.36

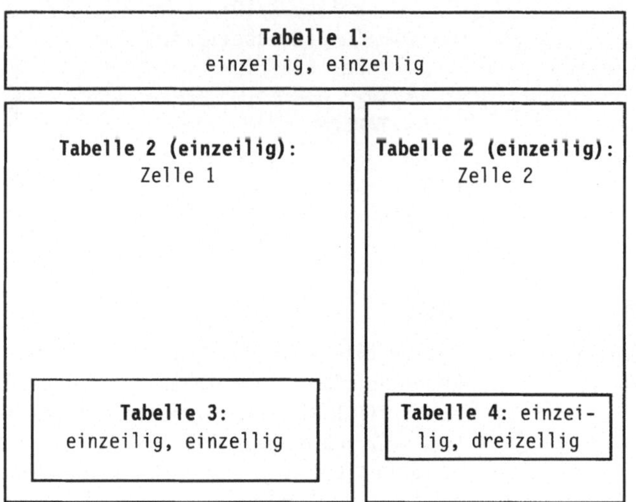

Bild 3.36 lässt sich somit folgender (vereinfachter) Quelltext zugrunde legen:

```
<TABLE...> ............................................ Tabelle 1
<TR>
<TD>Inhalt Tabelle 1</TD>
</TR>
</TABLE> ..............................................
<TABLE...> ............................................ Tabelle 2
<TR>
<TD>Inhalt Tabelle 2, Zelle 1
    <TABLE...> ...................... Tabelle 3
    <TR>
    <TD>Inhalt Tabelle 3</TD>
    </TR>
    </TABLE> ........................
</TD>
<TD>Inhalt Tabelle 2, Zelle 2
    <TABLE...> ...................... Tabelle 4
    <TR>
    <TD>Inhalt Tabelle 4,
       Zelle 1</TD>
    <TD>Inhalt Tabelle 4,
       Zelle 2</TD>
    <TD>Inhalt Tabelle 4,
       Zelle 3</TD>
    </TR>
    </TABLE> ........................
</TD>
</TR>
</TABLE> ..............................................
```

3.2.6 Listen

Aufbau von Listen in HTML

Eine weitere Möglichkeit zur strukturierten Anordnung von Dokumentinhalten in der Bildschirmanzeige bieten Listen, von denen in HTML drei unterschiedliche Typen vorgesehen sind. Jede Liste wird mit einer Listen*deklaration* eingeleitet, die den jeweils gewählten Listen*typ* angibt. Innerhalb des Bereichs, der jeweils als Liste eines bestimmten Typs deklariert wurde, lassen sich dann einer bis beliebig viele Listenpunkte eröffnen, die mit dem darzustellenden Inhalt (Text, Grafiken etc.) aufgefüllt werden können.

Verschiedene Listentypen

Die verschiedenen Listentypen unterscheiden sich im Grad ihrer Strukturiertheit ('einfach strukturiert' versus 'stark strukturiert') und in der Art der Anordnung der Listenpunkte ('geordnet' versus 'ungeordnet').

3.2.6.1 Ungeordnete Listen („Bulletlists")

Dieser Listentyp heißt „ungeordnet", da in ihm die Listenpunkte nicht numerisch gegliedert, sondern lediglich anhand von Aufzählungszeichen („bullets") von einander abgesetzt werden.

Die Deklaration der Liste erfolgt anhand des Elements *UL* ('unordered list'), die einzelnen Listenpunkte werden mit *<LI>...</LI>* ('list item') definiert. Als Aufzählungszeichen stehen drei verschiedene Bullets („circle", „square" und „disc") zur Auswahl, die über das Attribut *type* dem Element *UL* zugewiesen werden können:

Syntax einer ungeordneten Liste

```
<UL type="...">
   <LI>...</LI>
   <LI>...</LI>
</UL>
```

Bild 3.38: Beispiele für ungeordnete Listen mit unterschiedlichen Bullets

```
<UL type="circle">
   <LI>Punkt 1</LI>
   <LI>Punkt 2</LI>
   <LI>Punkt 3</LI>
   <LI>Punkt 4</LI>
   <LI>Punkt 5</LI>
</UL>

<UL type="square">
   <LI>Punkt 1</LI>
   <LI>Punkt 2</LI>
   <LI>Punkt 3</LI>
   <LI>Punkt 4</LI>
   <LI>Punkt 5</LI>
</UL>

<UL type="disc">
   <LI>Punkt 1</LI>
   <LI>Punkt 2</LI>
   <LI>Punkt 3</LI>
   <LI>Punkt 4</LI>
   <LI>Punkt 5</LI>
</UL>
```

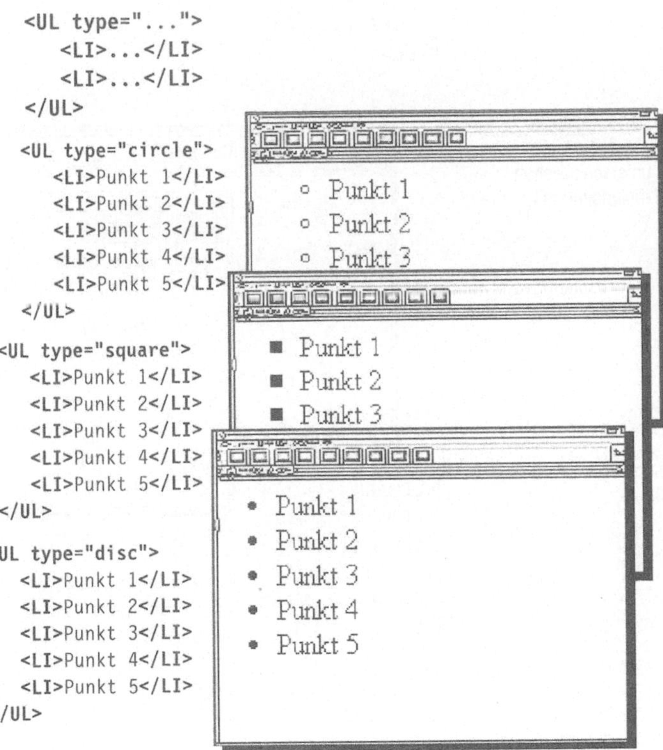

3.2.6.2 Geordnete Listen

Geordnete Listen werden als *OL* ('ordered list') deklariert. Die einzelnen Listenpunkte werden ebenfalls als 'list items' (*<LI>...</LI>*) definiert. Die Art der Anordnung erfolgt bei der Anzeige allerdings numerisch, d.h. die Listenpunkte werden in aufsteigender Reihenfolge automatisch entweder mit Zahlen oder Buchstaben versehen. Die Art der Aufzählung lässt sich wiederum über ein Attribut *type* zum Element *OL* bestimmen. Als Parameter wird jeweils der Name des ersten Zeichens des gewünschten Ordnungssystems angegeben, also beispielsweise „1" für eine Nummerierung in arabischen Zahlen, „I" für das Pendant in römischen Ziffern oder „A" bzw. „a" für eine alphabetische Aufzählung in Groß- oder Kleinbuchstaben. Anhand des zusätzlichen (fakultativen) Attributs *start* kann zudem angegeben werden, mit welcher Ziffer bzw. mit welchem Wert des gewählten Ordnungssystems die Aufzählung beginnen soll:

Syntax einer geordneten Liste

```
<OL type="..." start="...">
   <LI>...</LI>
   <LI>...</LI>
</OL>
```

Bild 3.39: Beispiele für geordnete Listen mit unterschiedlichen Aufzählungsarten I

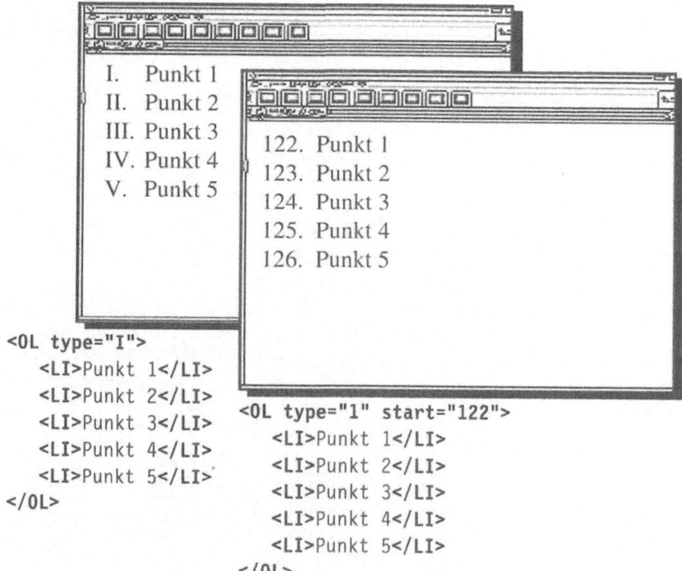


```
<OL type="I">
   <LI>Punkt 1</LI>
   <LI>Punkt 2</LI>
   <LI>Punkt 3</LI>
   <LI>Punkt 4</LI>
   <LI>Punkt 5</LI>
</OL>
```

```
<OL type="1" start="122">
   <LI>Punkt 1</LI>
   <LI>Punkt 2</LI>
   <LI>Punkt 3</LI>
   <LI>Punkt 4</LI>
   <LI>Punkt 5</LI>
</OL>
```

Bild 3.40: Beispiele für geordnete Listen mit unterschiedlichen Aufzählungsarten II

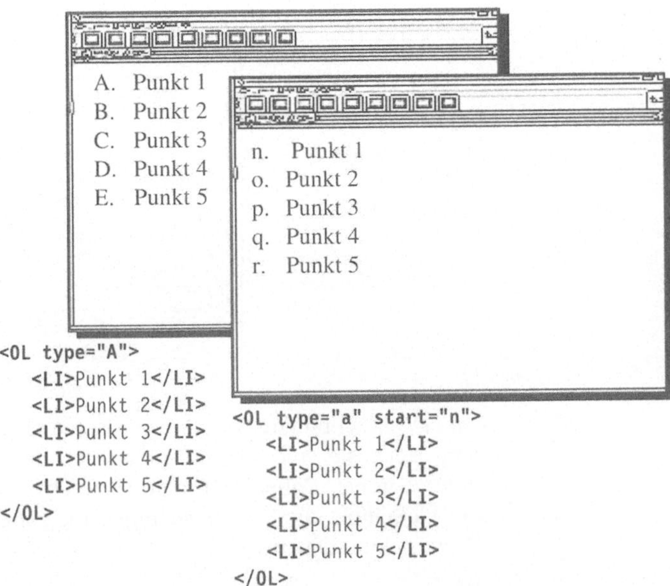

3.2.6.3 Definitionslisten

Listen mit innerer Strukturierung

Im Gegensatz zu den beiden vorgenannten stellen Definitionslisten einen Listentyp dar, der eine innere Strukturierung aufweist, insofern in ihm zwei unterschiedliche Typen von Listenpunkten vorgesehen sind.

Definitionslisten wurden ursprünglich für das Anlegen von Glossaren entwickelt, bei welchen einem Term jeweils eine Definition zugewiesen werden kann, welche in der Darstellung eingerückt unter der Angabe des Terms erscheinen soll (siehe Bild 3.41).

Linklisten und Inhaltsverzeichnisse

Definitionslisten eignen sich aber auch hervorragend für die Präsentation kommentierter Linklisten (siehe Bild 3.43) oder – zum Beispiel bei wissenschaftlichen Arbeiten – für die gegliederte Darstellung von Inhaltsverzeichnissen (siehe Bild 3.42 und 3.44).

Die Deklaration einer solchen Liste erfolgt über das Element *DL* ('definition list'). Für die Auszeichnungen von Listenpunkten stehen die Elemente *DT* ('definition term') und *DD* ('definition definition') zur Verfügung. Mit *<DD>...</DD>* ausgezeichnete Einträge werden in der Darstellung eingerückt.

Bild 3.41: Aufbau eines Glossars

Die *DD*-Listenpunkte werden bei der Anzeige zwar eingerückt dargestellt, sie sind den *DT*-Elementen aber nicht hierarchisch untergeordnet. Daher kann man sie auch verwenden, ohne dass ein 'definition term' vorangegangen ist, zum Beispiel um einen Textabschnitt einzurücken.

Die Syntax einer Definitionsliste lässt sich also wie folgt darstellen:

Syntax einer Definitionsliste

```
<DL>
    <DT>...</DT>  ]
    <DD>...</DD>  ] Reihenfolge beliebig
</DL>
```

Bild 3.42: Erstellung von Gliederungen mit Definitionslisten

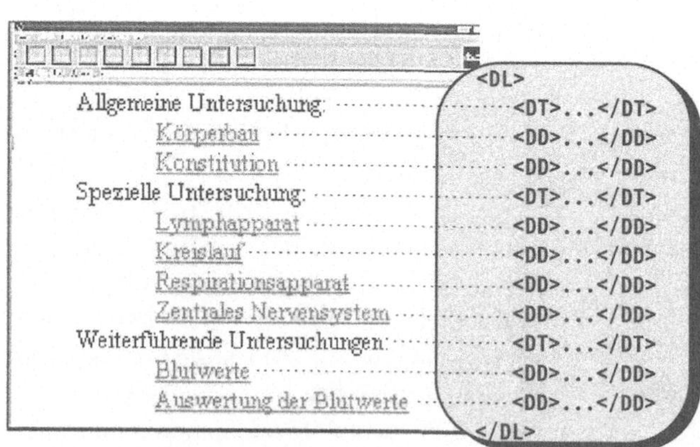

Bild 3.43: Erstellung kommentierter Linklisten mit Definitionslisten

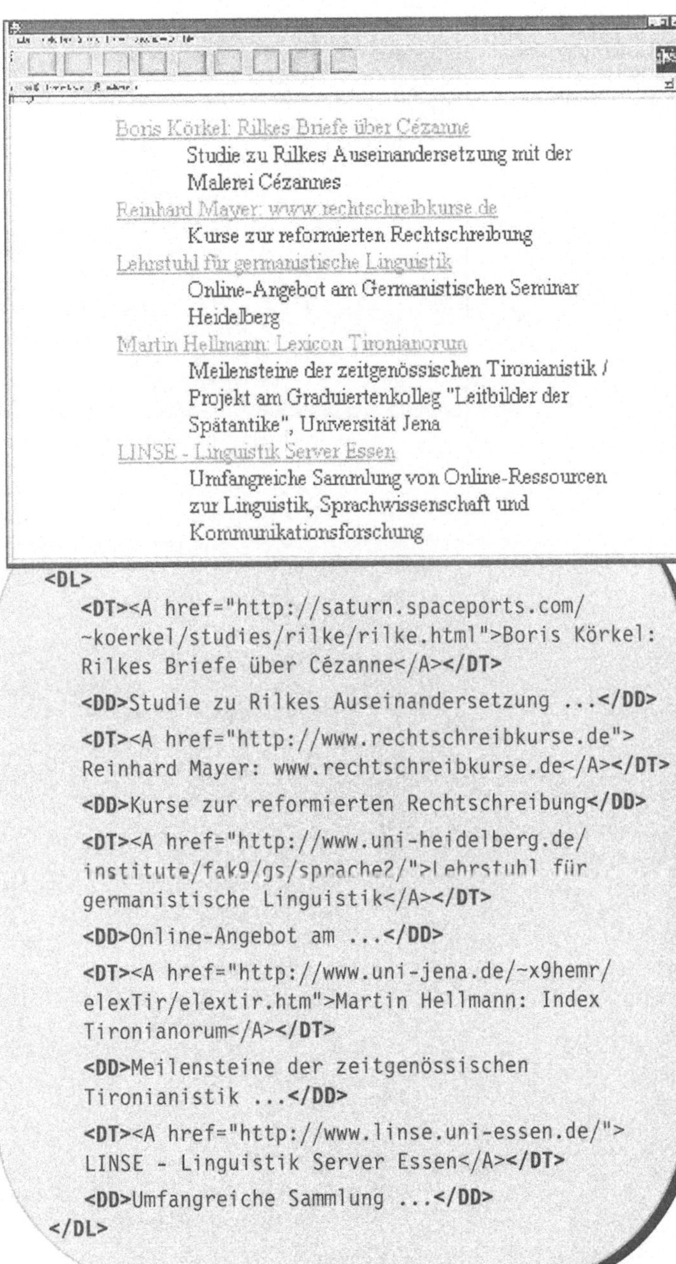


```
<DL>
   <DT><A href="http://saturn.spaceports.com/
   ~koerkel/studies/rilke/rilke.html">Boris Körkel:
   Rilkes Briefe über Cézanne</A></DT>
   <DD>Studie zu Rilkes Auseinandersetzung ...</DD>
   <DT><A href="http://www.rechtschreibkurse.de">
   Reinhard Mayer: www.rechtschreibkurse.de</A></DT>
   <DD>Kurse zur reformierten Rechtschreibung</DD>
   <DT><A href="http://www.uni-heidelberg.de/
   institute/fak9/gs/sprache2/">Lehrstuhl für
   germanistische Linguistik</A></DT>
   <DD>Online-Angebot am ...</DD>
   <DT><A href="http://www.uni-jena.de/~x9hemr/
   elexTir/elextir.htm">Martin Hellmann: Index
   Tironianorum</A></DT>
   <DD>Meilensteine der zeitgenössischen
   Tironianistik ...</DD>
   <DT><A href="http://www.linse.uni-essen.de/">
   LINSE - Linguistik Server Essen</A></DT>
   <DD>Umfangreiche Sammlung ...</DD>
</DL>
```

Bild 3.44: Listen verschachteln – Beispiel: Gliederung einer wissenschaftlichen Arbeit

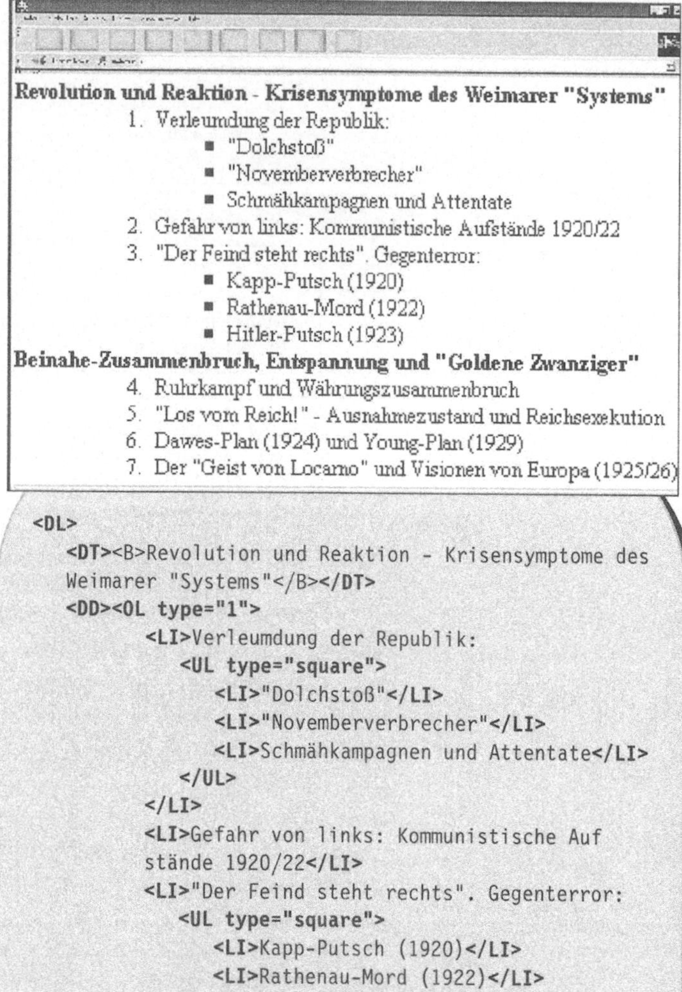


```
<DL>
   <DT><B>Revolution und Reaktion - Krisensymptome des
   Weimarer "Systems"</B></DT>
   <DD><OL type="1">
          <LI>Verleumdung der Republik:
             <UL type="square">
                <LI>"Dolchstoß"</LI>
                <LI>"Novemberverbrecher"</LI>
                <LI>Schmähkampagnen und Attentate</LI>
             </UL>
          </LI>
          <LI>Gefahr von links: Kommunistische Auf
          stände 1920/22</LI>
          <LI>"Der Feind steht rechts". Gegenterror:
             <UL type="square">
                <LI>Kapp-Putsch (1920)</LI>
                <LI>Rathenau-Mord (1922)</LI>
                <LI>Hitler-Putsch (1923)</LI>
             </UL>
          </LI>
      </OL>
   </DD>
   <DT><B>Beinahe-Zusammenbruch, Entspannung und
   "Goldene Zwanziger"</B></DT>
   <DD><OL type="1" start="4">
          <LI>Ruhrkampf...</LI>
                    [...]
```

3.2.6.4 Listen verschachteln

Den Überblick behalten!

Ebenso wie Tabellen lassen sich Listen bei Bedarf problemlos und nach Herzenslust verschachteln. Wichtig ist dabei nur, dass man nicht den Überblick über die Syntax verliert. Denken Sie stets daran, dass eine untergeordnete Liste erst vollständig zuende geführt und abgeschlossen werden muss, bevor die jeweils übergeordnete Liste wieder in Kraft tritt bzw. dass nach der Erstellung einer untergeordneten Liste darauf zu achten ist, auch die übergeordnete (umschließende) Liste vollständig zuende zu führen. Bei der Verschachtelung von Listen unterschiedlichen Typs sollten Sie weiterhin beachten, dass jeder Listentyp unter Umständen spezifisch eigene Elemente erfordert. Beispielsweise ist ein Listenpunkt *<LI>* nicht innerhalb von Definitionslisten zulässig, ebenso wie ein Listenpunkt *<DT>* oder *<DD>* nicht in eine geordnete oder ungeordnete Liste gehört.

Hierarchieebenen und Abhängigkeitsverhältnisse

Bild 3.44 zeigt Ihnen einen Ausschnitt aus der Gliederung einer wissenschaftlichen Arbeit, zu dessen Auszeichnung eine Kombination aus allen drei Listentypen gewählt wurde. Die oberste Hierarchie nimmt dabei die Definitionsliste ein; die übrigen Listen erscheinen als Inhalt von deren Listenpunkten und sind insofern der Definitionsliste untergeordnet, als sie somit von deren Unterelementen abhängen und die Struktur der Definitionsliste von vorn herein ihre Darstellung mitbestimmt. Beispielsweise wird eine geordnete Liste (*<OL>...</OL>*), die als Inhalt eines Listenpunktes *<DD>...</DD>* einer Definitionsliste (*<DL>...</DL>*) erscheint, von vorn herein eingerückt dargestellt. Diese Einrückung ist aber keine generelle Eigenschaft für die Anzeige geordneter Listen, sondern eine generelle Eigenschaft für die Anzeige von *DD*-Elementen innerhalb einer Definitionsliste.

Der nachfolgende Quelltext-Ausschnitt verdeutlicht noch einmal das Abhängigkeitsgefüge bei der Verschachtelung von Listen:

Bild 3.45: Abhängigkeitsverhältnisse beim Verschachteln von Listen

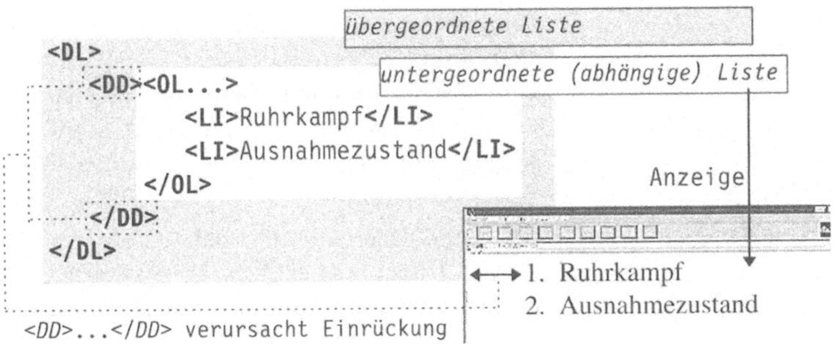

3.2.7 Grafikeinbindung

Visuelle Akzente kontra Bilderflut

Grafiken machen das Web bunter und das eigene Online-Angebot – bei richtiger „Dosierung" – attraktiver. „Richtige Dosierung" heißt in diesem Fall: Weniger ist manchmal mehr, aber ganz 'ohne' ist auf die Dauer auch eintönig. Daher empfiehlt es sich, Grafiken da anzubringen, wo es sich lohnt, einen visuell ansprechenden Akzent zu setzen, andererseits die persönliche HTML-'Handschrift' aber nach Möglichkeit auch wieder soweit diszipliniert zu halten, dass der Grafik-Anteil in den selbst gestalteten WWW-Dokumenten gegenüber deren informationellem Gehalt keine gar zu inflationären Züge annimmt. Bedenken Sie: Je mehr Grafikdateien Sie in ein Dokument einbinden, desto umfangreicher wird die Datenmenge und desto größer wird die Zeit, die für die Übertragung via Internet benötigt wird. Zudem dürften Online-Angebote, die den Anschein erwecken, dem Autor sei es bei ihrer Erstellung mehr um die Lust am visuellen Effekt denn um eine durchdachte Darbietung von Inhalten gegangen, bei potentiellen Benutzern einen eher negativen Eindruck hinterlassen: Grafiküberladene WWW-Seiten erinnern nicht selten an den Multimedia-Overkill, den manche Anbieter kommerzieller Online-Angebote gerne betreiben.

Die wichtigsten Grafikformate fürs WWW

Die Möglichkeit, Grafiken in WWW-Seiten einzubinden, beruht vor allem auf der Entwicklung spezieller Komprimierungsverfahren, die es erlauben, Dateigrößen im Gegensatz zu herkömmlichen Grafikformaten (wie z.B. dem aus WINDOWS bekannten BMP-Format) um ein Zwanzig- bis Dreißigfaches zu reduzieren. Die beiden im WWW gebräuchlichen und von allen Browsern lesbaren Grafikformate sind:

- **GIF**-Dateien, die dem von der Firma COMPUSERVE entwikkelten *Graphics Interchange Format* entsprechen, dem am häufigsten verwendeten Grafikformat in WWW-Anwendungen (wenn auch dessen Farbtiefe auf 256 Farben begrenzt ist). GIFs können mittels entsprechender Software auch animiert werden, indem – ähnlich wie beim Daumenkino – eine komplette Sequenz verschiedener Bilder in einer Datei abgelegt wird, die beim Aufruf nacheinander zur Anzeige kommen und so den Eindruck eines bewegten Bildes entstehen lassen.
- **JPG/JPEG**-Dateien, die nach einem Standard komprimiert werden, der von der *Joint Photographic Experts Group* entwickelt wurde und der sich vor allem für die Konvertierung von Fotos oder anderen Grafiken anbietet, die eine hohe

Farbtiefe verlangen. Einen Ableger dieses Standards bildet der **MPG/MPEG**-Standard, der ein Format für die Komprimierung von Videosequenzen bereitstellt.

Um browserlesbare Grafikdateien für eigene WWW-Angebote zu erstellen, brauchen Sie ein selbst erzeugtes Bildchen lediglich unter einem dieser beiden Formate abzuspeichern, die mittlerweile von den meisten Programmen zur Grafikbearbeitung unterstützt werden. Ihre Grafikdatei erhält dabei das Kürzel **.gif* bzw. **.jpg* angehängt, das sie als GIF- bzw. JPG-Datei ausweist.

Bild 3.46: Speichern einer selbst erzeugten Grafik im Format GIF / JPG (im Programm PAINT SHOP PRO)

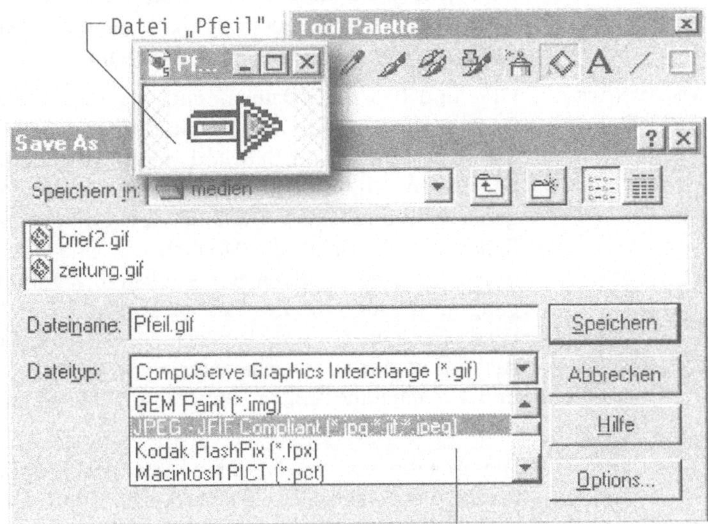

Einbindung von Grafikdateien in HTML-Dokumente

Die Einbindung einer Grafikdatei in ein HTML-Dokument erfolgt über das Element *IMG* ('image') und das zugehörige Attribut *src* ('source'), welches als Parameter den URL der jeweils gewünschten Grafikdatei zugewiesen bekommt, zum Beispiel:

```
<IMG src="Pfeil.gif">
```

oder

```
<IMG src="http://www.online.de/Grafiken/Pfeil.gif">.
```

Die jeweils als 'source' referenzierte Grafikdatei wird dann an der entsprechenden Stelle des WWW-Dokuments geöffnet und angezeigt.

<IMG...> ist ein 'Standalone'-Tag. Es bedarf also – ähnlich wie *
* – keiner abschließenden Deklaration, sondern kann allein verwendet werden.

Der Parameter zum Attribut *src*, der den Pfad zu der jeweils aufzurufenden Grafikdatei angibt, kann verkürzt werden, sofern sich die betreffende Datei im selben Verzeichnis befindet wie das HTML-Dokument, welches die entsprechende *<IMG src...>*-Anweisung enthält. Handelt es sich bei der Grafik, die in die Anzeige eingebunden werden soll, allerdings um eine Datei, die auf irgendeinem anderen Server im WWW deponiert ist, so muss der volle URL angegeben werden, damit die Datei von der betreffenden Adresse bezogen werden kann.

Eigenschaften von Pixelgrafiken

GIF- und JPG/JPEG-Dateien sind sogenannte *Pixelgrafiken*, das heißt, für jeden Bildpunkt sind in der Datei feste Werte definiert, die seine Position im Bild und seine Farbgebung betreffen. Daher haben GIF- und JPG/JPEG-Grafiken stets eine feste Ausgangshöhe und -breite. Anhand der Attribute *width* und *height* haben Sie allerdings die Möglichkeit, eine bestimmte Anzeigegröße für eine Grafikdatei festzulegen, sofern Ihnen die Ausgangsgröße für Ihre Zwecke zu groß oder zu klein erscheint. Hierbei sollten Sie jedoch beachten, dass die Qualität der Darstellung in der Regel schlechter wird, je stärker Sie die Höhen- und Breitenabmessungen für die Anzeige in Relation zur Ausgangsgröße verändern.

Die Angabe der gewünschten Anzeigeabmessungen erfolgt in Pixeln. Verzichten Sie auf eine Spezifikation von Anzeigenhöhe und -breite, so wird die Datei in ihrer Ausgangsgröße angezeigt:

Bild 3.47: Vorgabe einer Anzeigegröße für Grafikdateien (Beispiel)

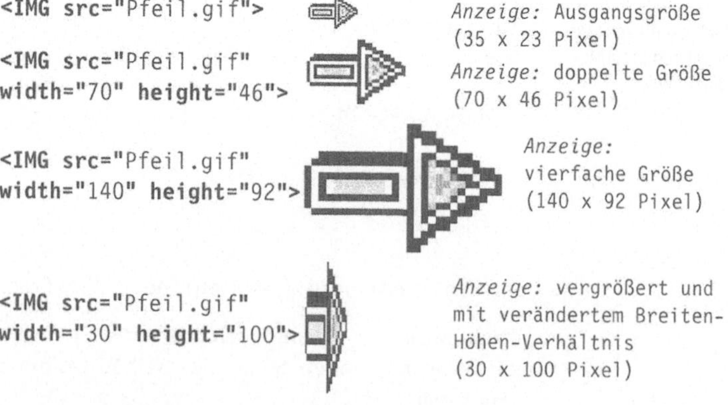

Grafiken als Links

Grafiken lassen sich als Links definieren, indem man das jeweilige *<IMG src...>*-Tag in eine Link-Deklaration einschließt:

```
<A href="Kapitel5.htm"><IMG src="Pfeil.gif"></A>
```

Natürlich lassen sich innerhalb einer Link-Deklaration auch Grafik und Text kombinieren (siehe unten, Bild 3.48).

Grafiken, die vom Browser als Links formatiert werden, erhalten bei der Anzeige in der Regel eine Rahmenlinie in derjenigen Färbung, die im *BODY*-Tag als Farbe für die Hervorhebung von Textlinks definiert wurde. Möchte man auf eine solche Umrahmung verzichten, so kann man diese anhand eines Attributs *border* in der *<IMG...>*-Deklaration unterdrücken:

Bild 3.48: Grafiken als Links – mit und ohne Rahmenlinie

```
<A href="MAILTO:Michael.
Beisswenger@urz.uni-heidelberg.de">
<IMG src="Brief.gif"><BR>
Mail an den Autor</A>
```

```
<A href="MAILTO:Michael.
Beisswenger@urz.uni-heidelberg.de">
<IMG src="Brief.gif" border="0"><BR>
Mail an den Autor</A>
```

Des Weiteren lässt sich über das Attribut *alt* zum Element *IMG* ein erläuternder Text angeben, welcher angezeigt wird, wenn der Benutzer mit dem Mauszeiger über das Grafikelement fährt:

Bild 3.49: Grafiken als Links – mit erläuterndem Text bei Mausberührung

```
<A href="MAILTO:Michael.
Beisswenger@urz.uni-heidelberg.de">
<IMG src="Brief.gif" border="0"
alt="Mail an den Autor"></A>
```

3.2.8 Horizontale Linien

Mit dem Element *HR* ('horizontal ruler') ist in HTML ein einfaches Mittel zur grafischen Strukturierung längerer Texte gegeben. Anhand des 'Standalone'-Tags *<HR>* lässt sich damit eine horizontale Linie erzeugen, die leicht plastisch dargestellt wird und beispielsweise zur Markierung von Abschnitts- oder Kapitelgrenzen genutzt werden kann.

Bild 3.50: Horizontale Linien

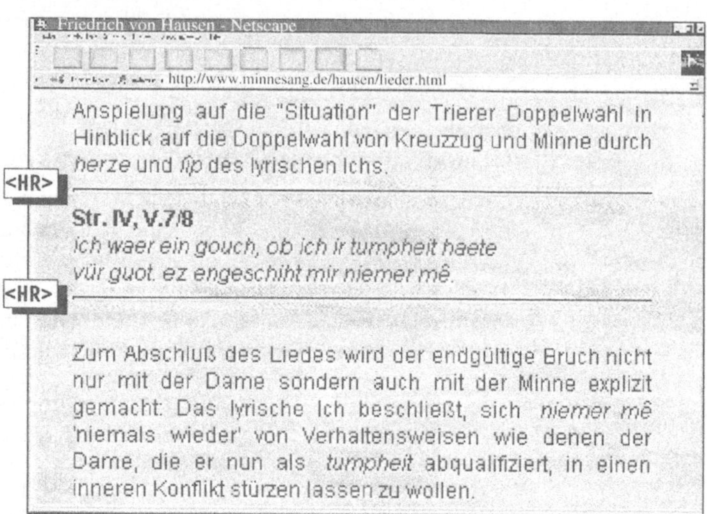

Ausrichtung, Stärke und Breite einer horizontalen Linie

Über die Attribute *align*, *size* und *width* lässt sich der vom Browser zu erzeugenden Linie eine bestimmte Ausrichtung („left", „right" oder „center"), sowie eine spezifische Linienstärke und -breite zuweisen. Das Attribut *width* kann hierbei entweder mit einer Angabe in Pixeln oder in Prozent (relativ zur Bildschirmbreite) belegt werden. Der Parameter zum Attribut *size* wird logisch bestimmt, d.h. relativ zur Standardgröße („2"). Eine Linie der Stärke „3" wird also entsprechend größer, eine Linie der Stärke „1" entsprechend kleiner dargestellt als eine Linie, bei deren Deklaration auf die Zuweisung einer spezifischen Stärke verzichtet wird.

Attribute und Parameter zum Element *HR*

```
<HR size="|1 |" width="|10%|" align="| left |">
          |2 |         |20%|         | right|
          |3 |         |50%|         |center|
          |4 |         |80%|
          |5 |         |100|
          |10|         |220|
          |20|         |560|
          |. |         | . |
          |. |         | . |
          |. |         | . |
```

Bild 3.51: Beispiele für horizontale Linien

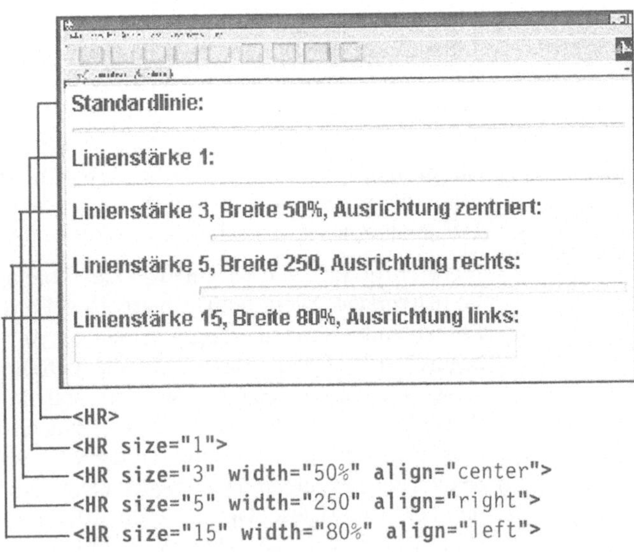

3.2.9 Dateiweite (globale) Formatvorgaben

„Formatvorlagen" für die Anzeige von HTML-Dokumenten

Über einige Attribute zum *BODY*-Element von HTML-Dokumenten ist es möglich, in begrenztem Umfang eine Art von „Formatvorlagen" zu definieren. So können Sie bestimmten Komponenten Ihres Dokuments feste physische (Farb-) Eigenschaften zuweisen, die der Darstellung im Browser als Grundeigenschaften zugunde gelegt werden (sofern der jeweilige Benutzer in den Einstellungen seines Programms die Option „Statt Dokumentfarben immer Standard-Farben verwenden" nicht aktiviert hat).

Bild 3.52: Menü zur Änderung der Standard-Farbeinstellungen im NETSCAPE COMMUNICATOR

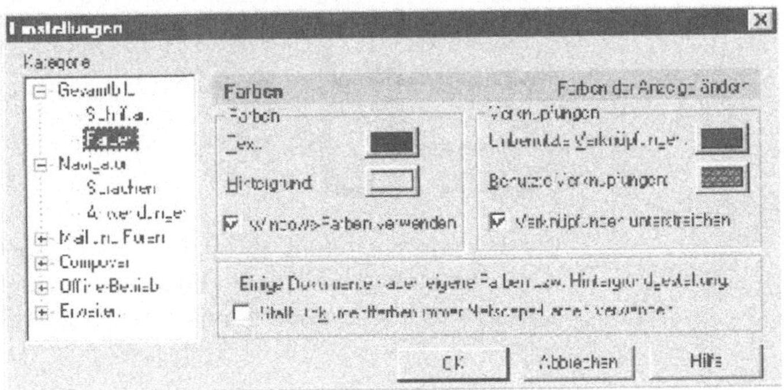

Eine Formatvorlage ist stets ein Set an Anweisungen, das für die Darstellung von Dokumenten bestimmte Eigenschaften vorsieht, die immer dann realisiert werden sollen, wenn keine explizite andere Anweisung vorliegt. Das heißt: Für den Fall, dass Sie für einen Teil Ihres Dokuments keine explizite Formatierungsangabe, beispielsweise zur Textfarbe, gemacht haben, wird automatisch die in der Formatvorlage vorgesehene Textfarbe für die Darstellung des entsprechenden Dokumentteils verwendet.

Jeder Browser verfügt über eine voreingestellte Standard-Formatvorlage. Diese enthält beispielsweise die Anweisung, dass bei fehlenden Formatierungsangaben zur Anzeigefarbe von Textsegmenten (*<FONT color="...">*) die betreffenden Segmente in schwarzer Farbe realisiert werden sollen. In den Standard-Einstellungen von Browsern ist aber zugleich vorgesehen, dass diese Formatvorlage nur dann Gültigkeit besitzen soll, wenn der Autor des jeweiligen Dokuments nicht eigene Formatvorlagen definiert hat. (Diese Option kann man als Benutzer allerdings deaktivieren, vgl. die Bilder 3.14 und 3.52. In der Regel kann man aber davon ausgehen, dass die meisten Benutzer auf eine solche Änderung der Grundeinstellungen verzichten). Solche Formatvorlagen können Sie im *BODY* Ihres Dokuments für Hintergrundfarbe bzw. -grafik, Textfarbe, sowie für die Farbe der Hyperlinks festlegen. Für jede dieser Eigenschaften ist hierbei ein Attribut vorgesehen, das dem Element *BODY* zugewiesen wird:

Bild 3.53: Globale Formatvorgaben in der *BODY*-Deklaration

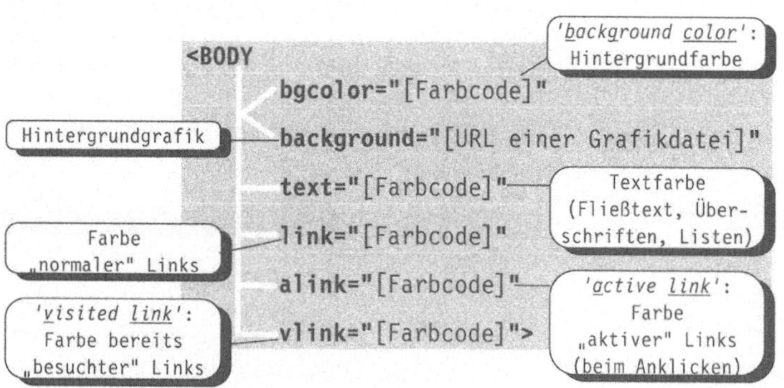

Das Grundgerüst eines HTML-Dokuments, bei dessen Erstellung sämtliche global zu definierenden Anzeigeeigenschaften berücksichtigt wurden, könnte demnach wie folgt aussehen:

```
<HTML>
   <HEAD>...</HEAD>
   <BODY bgcolor="#FFFFFF" text="#000000"
   link="#0000FF" alink="#FF0000" vlink="#800080">
   ...
   </BODY>
</HTML>
```

3.2.10 Codierung von Sonderzeichen und Farbwerten

3.2.10.1 Sonderzeichen

Codierung nach ISO-Norm

Der ASCII-Standard, nach welchem HTML-Dateien codiert werden (vgl. Kap. 3.2.3.4), besteht aus lediglich 128 Zeichen und enthält daher nur in begrenztem Maße auch Sonderzeichen (nämlich diejenigen, die sich durch einfache Tastatureingabe erzeugen lassen, also beispielsweise *****, **@**, **§**, **%**, **&**, **#**, <, >, /, nicht aber die deutschen Umlaute und Sonderzeichen – **Ä/ä**, **Ö/ö**, **Ü/ü**, **ß** –, da diese auf amerikanischen Standardtastaturen nicht vorgesehen sind). Um ausgefallenere Sonderzeichen dennoch verwend- und darstellbar zu machen, ist in HTML vorgesehen, Sonderzeichencodes zu unterstützen, die einer international einheitlichen ISO-Norm entsprechen und somit unabhängig von länder- und sprachenspezifisch unterschiedlichen Tastaturbelegungen und Zeichensätzen identifiziert werden können. Diese Sonderzeichencodes bestehen immer aus einer Raute und einer dreistelligen Zahlenkombination (zum Beispiel „#228" für den deutschen A-Umlaut in Kleinbuchstaben, also „ä", oder „#230" für "æ"). Im Gegensatz zu HTML-Anweisungen werden sie im Quelltext nicht in spitze Klammern („<", „>") gesetzt, sondern konventionell mit einem einleitenden „&" und einem abschließenden Semikolon („;") versehen und direkt in den Text eingebettet:

```
TextTextText&[Zeichencode];TextTextText
```

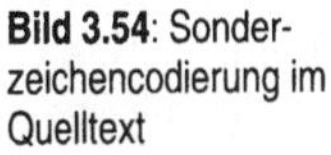

Bild 3.54: Sonderzeichencodierung im Quelltext

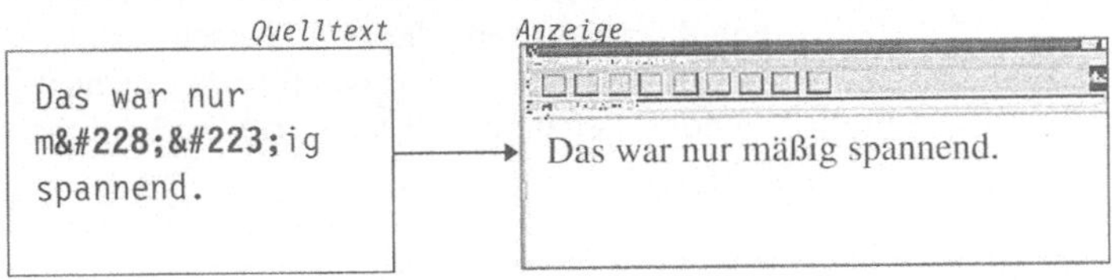

Eine Übersicht über sämtliche Sonderzeichencodes des aktuell gültigen ISO-Standards finden Sie im WWW auf den Seiten des W3-Konsortiums, das die HTML-Standards normiert und dokumentiert. Eine Wiedergabe dieser Liste auf den Seiten dieses Buches ist aufgrund von deren beträchtlichem Umfang nicht möglich. Für die am häufigsten verwendeten Sonderzeichencodes sind allerdings – als besser memorierbare Alternativen zu den schwer merkbaren Zahlenkombinationen – Abkürzungen definiert, von denen die wichtigsten nachfolgend angeführt sind:

Tabelle: Die wichtigsten Sonderzeichencodes

Zeichencode	**Anzeigeergebnis**
Ä ('**A-Uml**aut')	Ä
ä ('**a-Uml**aut')	ä
Ö ('**O-Uml**aut')	Ö
ö ('**o-Uml**aut')	ö
Ü ('**U-Uml**aut')	Ü
ü ('**u-Uml**aut')	ü
ß ('**SZ-Lig**atur')	ß
('**non-b**reaking **sp**ace')	*erzwungenes Leerzeichen*
< ('**l**ess **t**han')	<
> ('**g**reater **t**han')	>
© ('**copy**right')	©

Vermutlich dürfte Ihnen auffallen, dass auch die spitzen Klammern („<“, „>“) zu verschlüsseln sind, und zwar *obwohl* sie sich auf jeder Tastatur mittels einfacher Eingabe erzeugen lassen. Dies liegt daran, dass die spitzen Klammern ausschließlich für die Markierung von HTML-Anweisungen vorgesehen sind: Alles, was in einem Quelltext innerhalb dieser Klammern steht, wird vom Browser automatisch als HTML-Tag „erkannt“ und als solches zu interpretieren versucht. Wer dennoch spitze Klammern im Rahmen eines anzuzeigenden Textes verwenden möchte, ist darauf angewiesen, diese zu verschlüsseln – denn nur so lässt sich gewährleisten, dass der Browser nicht versucht, die entsprechenden Zeichen als Teile der Auszeichnungssprache zu behandeln.

Auch erzwungene Leerzeichen sind zu verschlüsseln, da die Browser Leerflächen im Quelltext, die anhand der SPACE-Taste erzeugt wurden, jeweils als nur *eine* Leerstelle interpretieren.

Wenn Sie mit einem WYSIWYG-Editor arbeiten, werden Sonderzeichen, die Sie bei der Dokumentenerstellung in der Online-Vorschau eingeben, in der Regel automatisch verschlüsselt. Wenn Sie in einem Text- oder Quelltext-Editor arbeiten, empfiehlt es sich aus ökonomischen Gründen, nicht jeden Umlaut und jedes Sonderzeichen manuell zu verschlüsseln, sondern die „Suchen&Ersetzen"-Funktion des Programms zu benutzen, die es Ihnen erlaubt, beispielsweise sämtliche Vorkommen des Zeichens „ä" in einem Dokument mit einem Mausklick automatisch durch die entsprechende Zeichenkombination „ä" ersetzen zu lassen.

Bild 3.55: „Search&Replace"-Funktion in HOME SITE

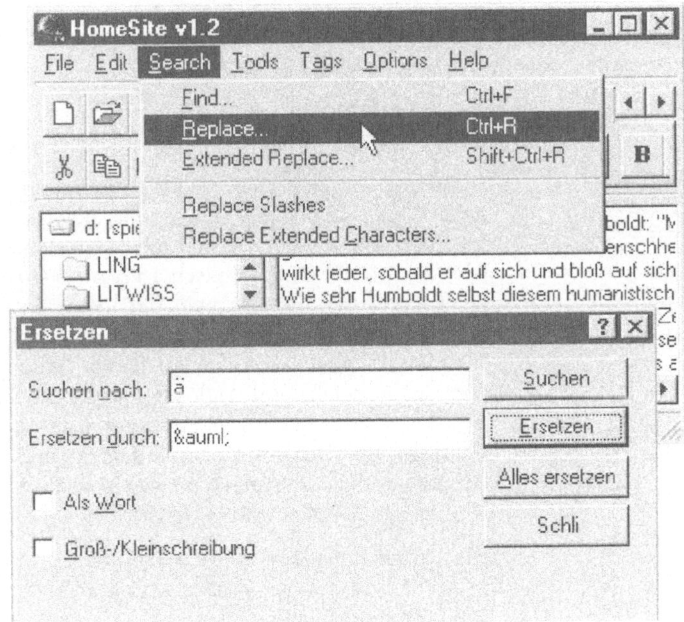

3.2.10.2 Farbwerte

Eine weitere Besonderheit von HTML ist die Codierung von Farbwerten. Zwar unterstützen die gängigen Browser mittlerweile auch bereits die Angabe von Farb*namen* (z.B. „green") als Parameter zum Attribut *color*, doch kann es bei der Interpretati-

Angabe von Farbwerten in Hexadezimal-Code

on dieser Angaben in Browserprogrammen verschiedener (konkurrierender) Hersteller bisweilen zu unterschiedlichen Anzeigeergebnissen kommen. Aus diesem Grunde empfiehlt es sich nach wie vor, die Angabe von Farbwerten über einen *Hexadezimal-Code* vorzunehmen, welcher deren konkretes Mischungsverhältnis aus den Grundfarben Rot, Grün und Blau festlegt (sogenannter „RGB-Wert"). Ein solcher Farbcode setzt sich zusammen aus einer Folge von dreimal zwei Ziffern, die jeweils den Rot-, den Grün- und den Blau-Anteil des gewünschten Farbwerts definieren. Für die Definition des Anteils jeder der Grundfarben stehen also je zwei Ziffern zur Verfügung, von denen jede 16 mögliche Belegungen erfahren kann, die – nach dem Hexadezimalsystem – wie folgt angegeben werden:

Bild 3.56: Hexadezimalsystem

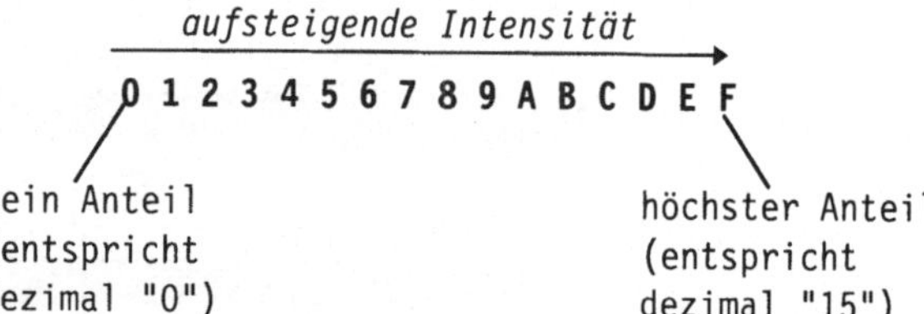

Somit ergeben sich für jede der Grundfarben 16x16 (=256) mögliche Werte, wobei „FF" den jeweils höchsten Wert darstellt und „00" den Anteil einer Grundfarbe auf Null setzt. Insgesamt ergeben sich hierdurch theoretisch 16 hoch 6 (≈16,7 Millionen) mögliche Farbwerte, die sich über den besagten sechsstelligen Code definieren lassen. Praktisch ist die Anzahl an Farbwerten, die sich in der Anzeige darstellen lassen, jedoch immer abhängig von der Farbtiefe und Auflösung des Bildschirms eines jeweiligen Benutzers. Insofern ist es ratsam, sich bei der farblichen Gestaltung von Text- und Dokumenteigenschaften auf die 256 Grundfarben zu beschränken (was ja an und für sich auch schon eine ganze Menge an Auswahl ist).

Die Farbwertangaben werden im Quelltext (wie alle Parameter) in Anführungszeichen gesetzt und jeweils von einem Rautenzeichen („#") eingeleitet.

Bild 3.57 zeigt das Schema zur Angabe von Farbwerten, die nebenstehende Tabelle führt die Codes der wichtigsten Standardfarben auf.

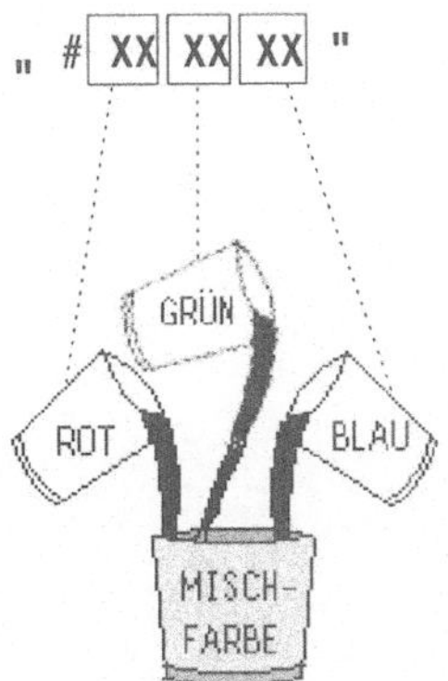

Bild 3.57: Bestimmung von Farbwerten über das Mischungsverhältnis

Tabelle: Die Codes der wichtigsten Standardfarben

Farbe	Code
Schwarz	**#000000**
Weiß	**#FFFFFF**
Rot	**#FF0000**
Grün	**#00FF00**
Blau	**#0000FF**
Gelb	**#FFFF00**
Hellgrau	**#FF8000**
Dunkelgrau	**#C0C0C0**
Orange	**#808080**

Sämtliche Editoren bieten Farbassistenten an, die es ermöglichen, einen gewünschten Wert anhand einer Palettenauswahl zu wählen. Der zugehörige Code wird dann automatisch an derjenigen Stelle in den Quelltext eingefügt, an welcher man zuvor den Cursor positioniert hat.

Die Zuweisung eines Farbwerts – beispielsweise zu einem Textsegment – erfolgt nach der üblichen Syntax:

```
<FONT color="#FF0000">TextTextText</FONT>
```

4

Die eigene wissenschaftliche Arbeit als Online-Publikation

In diesem Kapitel erfahren Sie, wie Sie Ihre wissenschaftliche Arbeit in eine optimale Online-Form bringen, was Sie bei der Aufbereitung der Print-Vorlage zu einem mediengerechten WWW-Angebot berücksichtigen sollten, was es mit der Konzeption eines sogenannten „Hypertextes" auf sich hat und wie Sie sich im Netz als kompetenter „Hypertext Engineer" präsentieren können.

„Online-Publishing" ist *mehr* als HTML...

Selbstverständlich können Sie auch *ohne* dezidierte Hypertext-Kenntnisse online publizieren, indem Sie Ihre Textdokumente einfach anhand der im vorigen Kapitel beschriebenen HTML-Richtlinien auszeichnen und anschließend „ins Netz stellen". Allerdings sollten Sie sich bewusst machen, dass HTML lediglich die *formale* Grundlage des Online-Publishing darstellt, die zwar gewährleistet, dass Texte und Informationseinheiten in einem WWW-Browser *angezeigt* werden können, nicht aber, dass das so erstellte WWW-Angebot auch insoweit praktikabel ist, dass es seinen potentiellen Benutzern tatsächlich als gewinnbringende Ressource zur Informationsgewinnung dienlich sein kann. Vergleichen Sie: Um eine wissenschaftliche Arbeit auf dem Papier zu erstellen, ist es auch nicht damit getan, über ein Thema, ein Textverarbeitungsprogramm und einen Drucker zu verfügen. Mit diesen Hilfsmitteln wird es einem zwar gelingen, eine Idee zu entwerfen sowie ein ausgedrucktes Papierprodukt zu erstellen – wenn man aber nicht zusätzlich über ein Grundwissen darüber verfügt, auf was es beim Erstellen, bei der Konzeption, Strukturierung und bei der Gestaltung schriftlicher wissenschaftlicher Texte ankommt, dann wird das letztendliche Ergebnis der Arbeit in der Regel nur wenig befriedigend sein. Denn die Produktion und Präsentation jedweder Art von Texten verlangt zwischen dem *Thema*, welches man darstellen möchte, und den *Hilfsmitteln*, die die formale und technische Herstellung ermöglichen, als ein maßgebliches Zwischenglied noch ein *spezifisches Know-how* darüber, wie bestimmte Typen von Informationsangeboten (z.B. Radiofeature, TV-Bericht, Buch, WWW-Angebot) für die Präsentation in dem jeweils dafür vorgesehenen Medium (z.B. Rundfunk, Fernsehen, Printerzeugnis, Internet) in adäquater Form zu konzipieren und gemäß den spezifischen Anforderungen, Möglichkeiten und Beschränkungen des jeweiligen Mediums in angemessener Art und Weise aufzubereiten sind. Für das Publizieren im Internet bedeutet dies:

Optimale Präsentation und optimale Benutzbarkeit

- Die *visuelle/grafische Präsentation* eines Textes im WWW ist immer so gut wie die Kenntnisse, über welche der Autor in Hinblick auf die Anwendung von HTML und/oder die Erzeugung von HTML-Code (z.B. mit Hilfe von Editoren) verfügt.
- Die *Qualität* und die *Benutzbarkeit* eines Informationsangebots im WWW ist immer so gut, wie der Autor neben Kenntnissen, die die formale elektronische Aufbereitung von Texten betreffen (HTML, Editoren), auch noch über Kenntnisse darüber verfügt, welche Anforderungen das Medium Hypertext/WWW im allgemeinen an Informationsangebote stellt und welche Möglichkeiten es bietet, um Informationsangebote in einer Form bereitzustellen, die die spezifischen Eigenheiten des Mediums berücksichtigt und somit als eine *optimale Form* bezeichnet werden kann.

4.1 Wie sind wissenschaftliche Arbeiten aufgebaut?

Bild 4.1: Lineare Präsentation im Printmedium

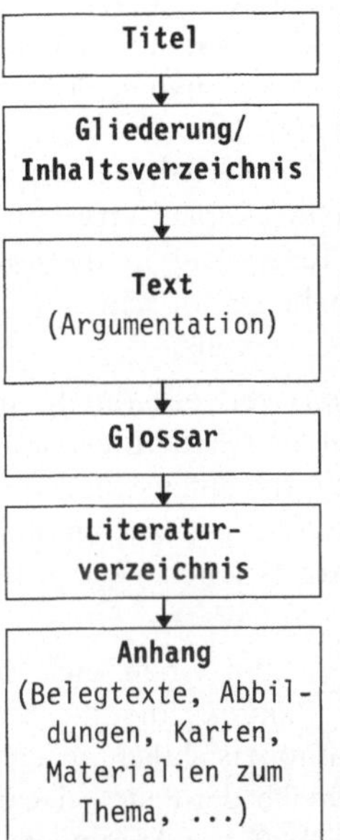

Das Printmedium Papier als traditioneller Träger wissenschaftlicher Arbeiten ist von der Art und Weise, wie sich Textdaten auf ihm präsentieren lassen, zunächst einmal *linear*. Das heißt: Der gesamte Inhalt einer Arbeit ist im zweidimensionalen Raum einer bestimmten Anzahl von Seiten mit einer eindeutigen Abfolge angeordnet. Die Eindeutigkeit dieser Abfolge ergibt sich daraus, dass der Schreib- und Leseverlauf eines Dokuments innerhalb einer Zeile immer von links nach rechts, über mehrere Zeilen immer von oben nach unten und über mehrere Seiten hinweg immer entlang der aufsteigenden Reihe ihrer Nummerierung erfolgt. Genau genommen gibt es also im traditionellen Printmedium kein *Nebeneinander* von „informationellen Einheiten", sondern nur ein striktes *Hintereinander*, das jeweils vom Autor eines Textes vorgegeben ist.

Sicherlich kennen Sie aus Ihrer eigenen Erfahrung mit dem Verfassen wissenschaftlicher Texte das Problem, Ihr Vorhaben und die Ideen und Informationen, die Sie dazu im Kopf haben, in eine „vernünftige Form" zu bringen, also die Schwierigkeit, komplexe Gegenstände, die thematisch in vielerlei Hinsicht miteinander verknüpft sind, beim Verfassen einer wissenschaftlichen Arbeit in die vom Printmedium geforderte *lineare* Form zu überführen und dabei zugleich der Komplexität des Themas und der vielfältigen Beziehungen seiner Teile untereinander (die meist *nicht* linear sind) gerecht zu werden. Um dieserlei Vorhaben gerecht werden zu können, haben sich in wissenschaftlichen Texten bestimmte Gepflogenheiten herausgebildet, die es ermöglichen sollen, Beziehungen, die sich in linearer Form nur schwer darstellen lassen, über Hilfskonstruktionen kenntlich zu machen. Solcherlei „Hilfskonstruktionen" sind etwa die Gliederung und das Inhaltsverzeichnis einer Arbeit, als auch die Fußnoten (Anmerkungen und Literaturverweise), das Literaturverzeichnis, das Glossar und der Anhang:

- Die *Gliederung* zeigt die hierarchischen Beziehungen zwischen den einzelnen Textabschnitten auf und macht somit die Struktur der Argumentation kenntlich: Da es ungewöhnlich wäre, mehrere Kapitel, die unterschiedliche Aspekte ein- und desselben Teilthemas vergleichend gegeneinander diskutieren, mehrspaltig nebeneinander zu schreiben oder im Ausdruck nebeneinander zu kleben, werden diese Kapitel in der Gliederung als Unterpunkte zu einem übergeordneten Kapitel markiert, um deutlich zu machen, dass der Textverlauf in diesen Abschnitten zwar gezwungenermaßen linear fortschreitet, die Argumentation aber bei einem Punkt verweilt.
- Das *Inhaltsverzeichnis* verweist durch Angabe von Seitenzahlen zu den einzelnen Gliederungspunkten auf diejenigen Stellen im Dokument, die aufzuschlagen sind, um auf einen bestimmten Abschnitt direkt zuzugreifen und ermöglicht somit, den linear dargebotenen Text nichtlinear bzw. selektiv zu erfassen.
- Die *Fußnoten* bieten zum einen die Möglichkeit, längere Anmerkungen oder Exkurse, die die Stringenz des Argumentationsverlaufs unübersichtlich machen würden, in einen gesonderten Bereich der Seite „auszulagern". Derjenige Leser, der vornehmlich an der Argumentation interessiert ist, wird somit in seinem Leseverlauf nicht durch Informationen gestört, die nur am Rande von Interesse sind oder über das Thema hinausführen. Je nach eigenem Interesse hat er somit die Möglichkeit, eine exkursorische Anmerkung entweder (durch Verfolgung des Verweises von der Fußnotenziffer in der Argumentation auf den zugehörigen Text im Fußnotenblock) wahrzunehmen oder zu ignorieren.

  Zum anderen kann in Fußnoten auf andere Abschnitte der Arbeit, weiterführende Literatur oder auf ergänzendes Material im Anhang verwiesen werden.
- Das *Literaturverzeichnis* verweist auf andere Texte und Arbeiten, anhand derer sich der Leser weitergehende Informationen zum Thema erschließen kann und die die in der Argumentation vertretenen Positionen stützen sollen.
- Das *Glossar* bietet – ebenso wie das Inhaltsverzeichnis – eine Möglichkeit zum nichtlinearen bzw. selektiven Zugriff auf den linear dargebotenen Text. Ein Glossareintrag verweist jeweils auf diejenigen Seiten oder Abschnitte, die ein

bestimmtes Stichwort erwähnen oder das mit ihm Bezeichnete behandeln.

- Der *Anhang* beinhaltet Texte, Abbildungen und weitere Materialien zum Thema, die einzelne Teile des Textes näher erläutern oder für eine selbstständige Beschäftigung des Lesers mit dem Thema der Arbeit hilfreich sein können, aber zu umfangreich sind, um direkt in den Argumentationsverlauf integriert zu werden.

Somit ergibt sich für wissenschaftliche Arbeiten, die linear präsentiert werden, eine Peripherie aus unterschiedlichen Arten von Verweisen, die es ermöglichen, nichtlineare Beziehungen zwischen den einzelnen „Bauteilen" aufzuzeigen. Diese Beziehungen können vom Leser erschlossen und nachvollzogen werden, indem er einen Verweis verfolgt und die Stelle, auf die jeweils verwiesen wird, nachschlägt.

Bild 4.2: Struktur einer wissenschaftlichen Arbeit

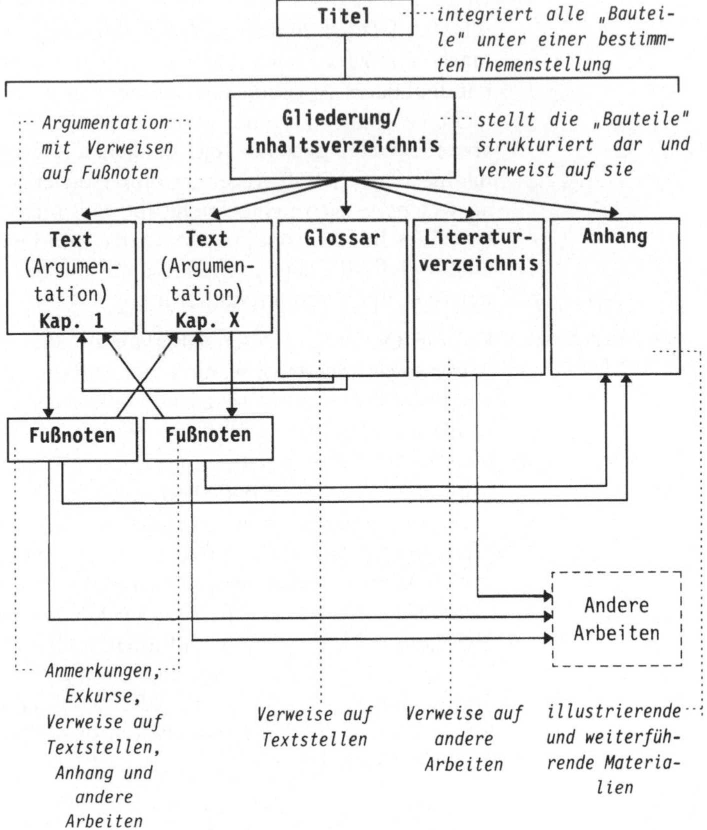

4.2 Print-Text – E-Text – Hypertext

4.2.1 „Informationeller Mehrwert"

Bevor Sie sich daranmachen, mit HTML und/oder Editoren eine browserlesbare WWW-Version Ihrer Seminar-, Diplom-, Examens-, Magister- oder Doktorarbeit zu erstellen, sollten Sie sich die Zeit nehmen für einige Vorüberlegungen, die nicht nur die schnellstmögliche Publikation Ihrer Ergebnisse betreffen, sondern auch die Suche nach einem Präsentationskonzept, das sowohl Ihrer Arbeit als auch den spezifischen Eigenheiten des Mediums in gleicher Weise gerecht wird.

Minimalanforderung...

Die WWW-Version einer Arbeit sollte zumindest dem Anspruch genügen, nicht umständlicher benutzbar zu sein als ihre 'konventionelle' Vorlage, die in einem Textverarbeitungsprogramm erstellt und auf Papier ausgedruckt wurde. Denn selbst, wenn ein Text im WWW und damit global verfügbar ist, entscheidet letztlich immer noch der Benutzer, ob er sich die Mühe machen möchte, ein unübersichtlich dargebotenes und schwer handhabbares Angebot auch tatsächlich zu nutzen (oder ob er nicht viel lieber zu einer anderen WWW-Seite „weitersurft", die ansprechender gestaltet und einfacher zugänglich ist). Die Annahme eines WWW-Angebots durch diejenige Personengruppe, an welche es sich richtet, steht und fällt nicht nur mit der Qualität seines Inhalts, sondern zuvorderst – und gerade im WWW als einem grafisch orientierten Medium – mit der Art und Weise seiner Gestaltung und Strukturierung.

... und *Maximalanforderung* an WWW-Angebote

Um ein Optimum an Benutzbarkeit zu erreichen, sollte idealerweise sogar angestrebt werden, die Aufbereitung eines Textes zu einem WWW-Angebot so zu konzipieren, dass das entstehende Produkt im Gegensatz zu seiner Vorlage einige Zusatzfunktionen bietet, die sich gezielt der spezifischen Möglichkeiten des elektronischen Mediums bedienen und somit Präsentations- und Strukturierungstechniken zu nutzen, die in dieser Form im Printmedium nicht realisierbar sind. Ein intelligent präsentiertes WWW-Angebot kann ohne Zweifel sein papiernes Pendant in vielerlei Hinsicht übertreffen, weswegen man in diesem Zusammenhang auch von einem „informationellen Mehrwert" gut aufbereiteter elektronischer Informationsangebote gegenüber ihren Printfassungen spricht. Dieser „Mehrwert" ergibt sich vor allem anhand der folgenden Eigenschaften des WWW als innovativem Publikationsmedium:

- *Interaktivität:* WWW-Angebote können so präsentiert werden, dass ein Nutzer die Möglichkeit erhält, unter den angebotenen Daten und Informationseinheiten selbst auszuwählen, was er angezeigt bekommen möchte, sowie Einfluss auf deren Anordnung und Abfolge zu nehmen.
- *Multimedia:* Dadurch, dass die neueren Browser die Wiedergabe von Medien unterschiedlichsten Typs unterstützen, ist es möglich geworden, in Online-Versionen von Texten nicht nur veranschaulichende Grafiken und illustrierende Fotos einzubinden (was auch im Printmedium möglich ist), sondern darüber hinaus den Nutzer neben dem Text auch noch durch begleitende Ton- und Videosequenzen sowie Programmabläufe anzusprechen. Zwar ist ein zeitgleiches Abspielen unterschiedlicher Medientypen bislang aufgrund der Übertragungskapazitäten nur annähernd gewährleistet, doch werden es Innovationen in der Netzwerktechnologie in den nächsten Jahren möglich machen, Online-Präsentationen mehr und mehr als hochwertige Multimedia-Performances zu gestalten.
- *Beliebige Aktualisierbarkeit:* WWW-Angebote lassen sich – im Gegensatz zu Printerzeugnissen, denen oft ein langwieriger Publikationsvorgang vorausgeht – jederzeit überarbeiten, ergänzen und auf den neuesten Stand bringen. Ist man nach einigen Wochen oder Monaten mit einem Kapitel aus der eigenen online publizierten Arbeit nicht mehr zufrieden, so kann dieses Kapitel problemlos durch eine revidierte Version ersetzt werden, ohne dass die komplette Arbeit in einer „zweiten Auflage" vorgelegt werden muss (wie dies etwa bei Büchern der Fall ist). Ebenso leicht lässt sich ein Hypertext zunächst als Grundgerüst anlegen und dann über die Jahre hinweg Schritt um Schritt zu einem komplexen Netz an Informationseinheiten zum gewählten Thema ausbauen.

4.2.2 Textpräsentation und Texterschließung in Büchern und im Browser

Wenn über WWW-Dokumente geredet wird, so ist auffällig, dass es sich bei einigen der dabei verwendeten Bezeichnungen um Metaphern handelt, die das World Wide Web als eine Art riesiges Buch erscheinen lassen. Die Gepflogenheit, WWW-Angebote als Internet-*Seiten* zu bezeichnen, auf denen man *Lesezeichen*

('Bookmarks') anlegen kann, ist mittlerweile so eingespielt, dass man sich ihr kaum noch entziehen kann. Auch das vorliegende Buch verwehrt sich nicht gegen diese Redeweise, da es einerseits eine hilfreiche Sache darstellt, sich das 'Netz der Netze', um sich eine Vorstellung von ihm machen zu können, als etwas zu denken, das einem vertraut ist – beispielsweise als ein Buch, in dem man nachschlagen und herumblättern ('browsen') kann. Andererseits sollte man sich dennoch bewusst machen, dass tatsächliche Ähnlichkeiten zwischen einem herkömmlichen Buch und WWW-Angeboten nur bis zu einem gewissen Grad bestehen. Gerade, wenn man plant, eigene Angebote für das WWW bereitzustellen, sollte man sich grundsätzlich darüber im Klaren sein, inwieweit sich die Bedingungen der Text*präsentation* (seitens des Autors) und auch der *Erschließung* von Texten (seitens des Lesers) in einem WWW-Browser von denen in Büchern unterscheiden.

Zunächst einmal sollte man beachten, dass das Format einer WWW-*Seite* nicht den festgelegten Eigenschaften einer *Seite* in einem Buch oder einem Textverarbeitungsprogramm entspricht. Eine WWW-Seite hat keine vorgegebenen Begrenzungen (A4, A5, C5, ...) und auch keinen Seitenumbruch, der sich durch solche Begrenzungen ergeben würde. Während in Textverarbeitungsprogrammen immer dann ein automatischer Seitenwechsel eingefügt wird, wenn ein Text länger ist als das vorgegebene Papierformat, kann eine WWW-Seite so lang oder so kurz sein bzw. so viel oder so wenig Text enthalten, wie es ihr Autor gerne möchte. Anders ausgedrückt: *Ein* Dokument in einem Textverarbeitungsprogramm kann aus einer bis vielen *Seiten* bestehen, während ein WWW-Dokument eine nahezu unbegrenzte Menge an Text beinhalten kann, der *nicht* in einzelne Seiten aufgeteilt wird (und daher metaphorisch als *eine Seite* bezeichnet wird). Erst beim Ausdrucken eines WWW-Dokuments auf einem Drucker wird eine Aufteilung seines Inhalts auf mehrere Papierseiten vorgenommen. Diese Aufteilung ist aber nicht im Dokument vorgegeben, sondern ergibt sich aus den Systemeinstellungen, die dem Drucker besagen, wie er bei der Ausgabe von Dokumenten zu verfahren hat, die mehr Inhalt aufweisen als auf einer Papierseite dargestellt werden kann.

Folglich kann ein Benutzer in einem WWW-Dokument auch nicht blättern wie in einem Buch oder im Ausdruck eines Textes. Statt dessen bietet ihm der Browser zur Erschließung längerer Dokumente einen sogenannten *Scrollbalken* am rechten Rand des Anzeigefensters, anhand dessen er die Anzeige des dargestellten Dokumentausschnitts nach oben und nach unten verschieben kann. Zu einer selektiven Erfassung des Dokumentinhalts kann er zusätzlich die Funktion „Seite durchsuchen" nutzen, die es erlaubt, automatisch nach dem Vorkommen einzelner Wörter oder Sätze im jeweiligen Dokument recherchieren zu lassen und die entsprechenden Stellen zur Anzeige zu bringen. Diese Funktion entspricht also in etwa dem gezielten Nachschlagen in einem Buch vermittels des Glossars oder Registers, allerdings mit dem Unterschied, dass das Finden und Aufschlagen der entsprechenden Textstelle vom Browser automatisch geleistet wird.

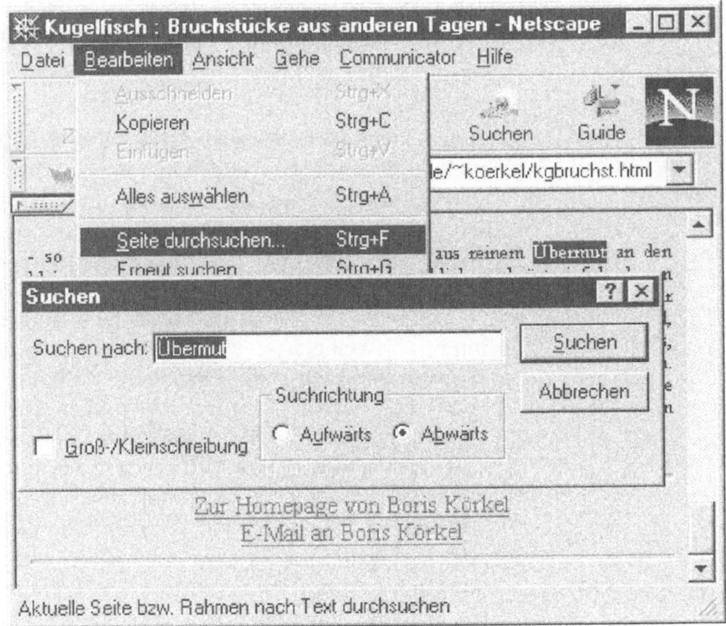

Bild 4.3: Funktionen zur Texterschließung in einem WWW-Browser – Scrollbalken und Suchen-Funktion

4.2.3 Hyperlinks

Interaktivität

Ein weiteres Typikum bei der Erschließung von WWW-Angeboten ergibt sich durch die Einbindung von Hyperlinks, über welche sich eine WWW-Seite an andere im Web verfügbare Ressourcen anbinden lässt und die somit die „Brücken" darstellen, die notwendig gegeben sein müssen, damit ein Benutzer von einem Dokument im WWW zu einem anderen gelangen kann (vgl. Kap. 3.2.4).

Während im Printmedium mit seiner festen Abfolge von Kapiteln, Abschnitten und Seiten dem Leser vom Autor ein gewisser Leseverlauf von vornherein vorgegeben ist, hat er bei WWW-Angeboten, die aus mehreren, mit einander „verlinkten" Seiten bestehen, die Möglichkeit, seinen Leseverlauf selbst zu wählen, indem er beispielsweise nach dem Lesen der ersten Seite durch Aktivierung eines ganz bestimmten Links selbst entscheidet, welche der angebotenen Verknüpfungen die „Seite 2" des Textes sein soll, den er sich gerade erschließt. Somit ist prinzipiell denkbar, dass fünf verschiedene Nutzer, die sich ein- und dasselbe WWW-Angebot erschließen, letztlich fünf verschiedene „Texte" lesen, insofern jeder von ihnen seinen Leseverlauf – je nach spezifischem Interesse – unterschiedlich bestimmt (vgl. Bild 4.4).

Hinzu kommt die Tatsache, dass WWW-Angebote – eben aufgrund des synthetisierenden Potentials von Hyperlinks – keine „hermetischen" Produkte darstellen müssen, sondern mit anderen Angeboten verknüpft werden und somit im Verbund mit *vielen* Ressourcen eine Art integrativer „Super-Ressource" zu einem Thema bilden können. So ist es denkbar, dass mehrere Humangenetiker in unterschiedlichen Ländern gleichzeitig auf ihren jeweiligen WWW-Servern mehrere Multimedia-Dokumentationen zum Thema DNS aufbauen. Durch Definition von Links auf die bereits bestehenden Angebote zum Thema kann hierbei jeder der neu hinzukommenden Texte an die bereits verfügbaren Informationsangebote angebunden werden, wodurch mit der Zeit ein komplexes Netz an Arbeiten entsteht, von denen zwar jede von anderen Autoren betreut wird, die aber insgesamt eine ebenso heterogene wie vielseitige Informationsquelle zum Thema bilden. Diese „Super-Ressource" wird von keiner Zentralinstanz (z.B. einer Redaktion) kontrolliert, sondern bietet aufgrund des dezentralen Funktionsprinzips des Internet grundsätzlich jedem die Möglichkeit, ein eigenes Angebot auf dem Wege von Hyperlinks mit dem bereits Vorhandenen zu verknüpfen.

Bild 4.5 zeigt das Beispiel eines WWW-Angebots auf einem Server der Universität Heidelberg, das aus mehreren Dateien unterschiedlichen Typs besteht, die durch Links zu einem Multimedia-Hypertext verbunden sind, darüber hinaus aber auch noch Verknüpfungen mit Dokumenten aufweisen, die auf Servern in

Nordamerika und Neuseeland deponiert sind und der Verantwortung anderer Autoren unterliegen.

Hypertext-*interne* und -*externe* Links

Zum besseren Verständnis ist es an dieser Stelle sinnvoll, zwei verschiedene Typen von Hyperlinks zu unterscheiden. Stellt man sich einen Blick auf das WWW aus einer Vogelperspektive vor, bei der sämtliche Dokumente nebeneinander zu sehen und die jeweiligen Verantwortungsbereiche einzelner Autoren zu erkennen sind, so lassen sich die zwischen den Dokumenten existenten Links in zwei Gruppen einteilen, je nach dem, ob sie *innerhalb* eines Verantwortungsbereichs verknüpfen oder ob sie zwei Dokumente miteinander verbinden, die von *verschiedenen* Verantwortlichen betreut werden:

- Hypertext-*interne* Links sind Verknüpfungen zwischen zwei Dokumenten, für deren Betreuung ein- und dieselbe Person verantwortlich zeichnet. Hierbei ist denkbar, dass zwischen einem Dokument A und einem Dokument B sowohl ein Hin- als auch ein Rückverweis existiert.
- Hypertext-*externe* Links sind Verknüpfungen zwischen zwei Dokumenten, für deren Betreuung zwei verschiedene Personen verantwortlich zeichnen. Einen Hinverweis auf das Dokument eines anderen Autors kann im WWW grundsätzlich *jeder* legen, unabhängig davon, ob der Autor des referenzierten Dokuments davon weiß oder nicht, damit einverstanden ist oder nicht; Rückverweise sind aber nur dann gegeben, wenn der Autor von Dokument B seinerseits gewillt ist, sein WWW-Angebot mit dem des anderen Autors zu verknüpfen.

Bild 4.4: Fünf Nutzer und ihre fünf unterschiedlichen Wege durch ein- und dasselbe WWW-Angebot

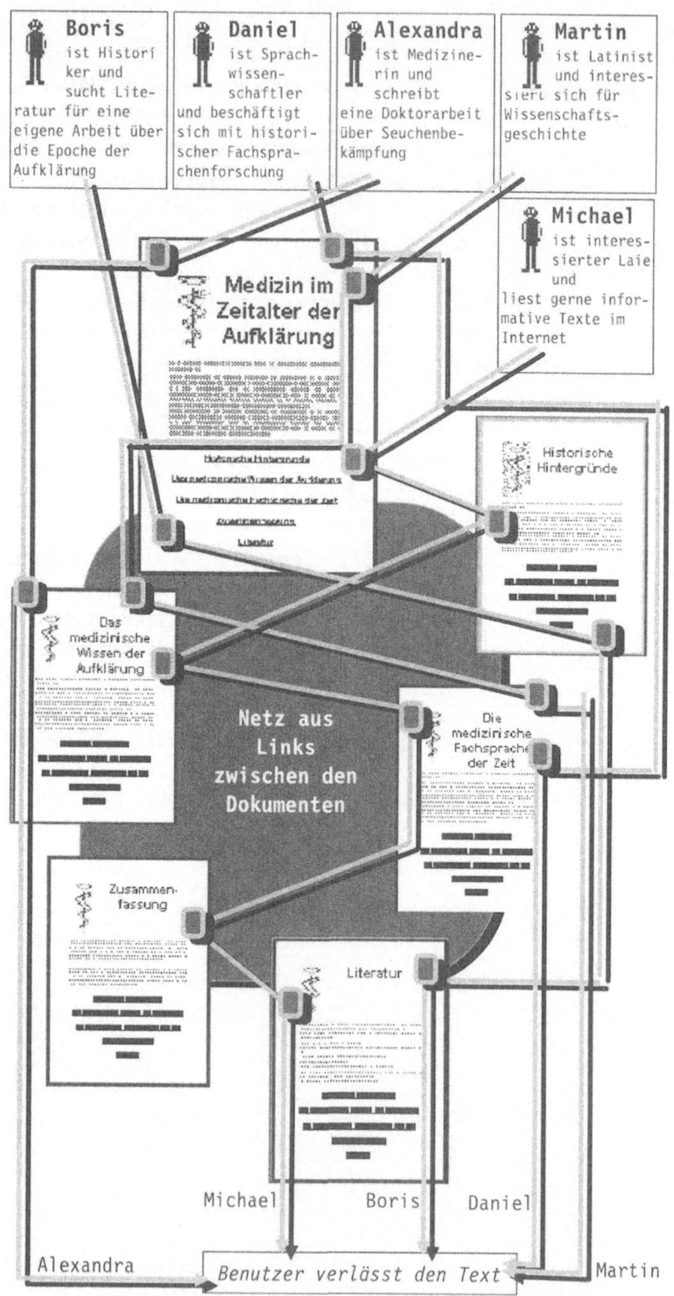

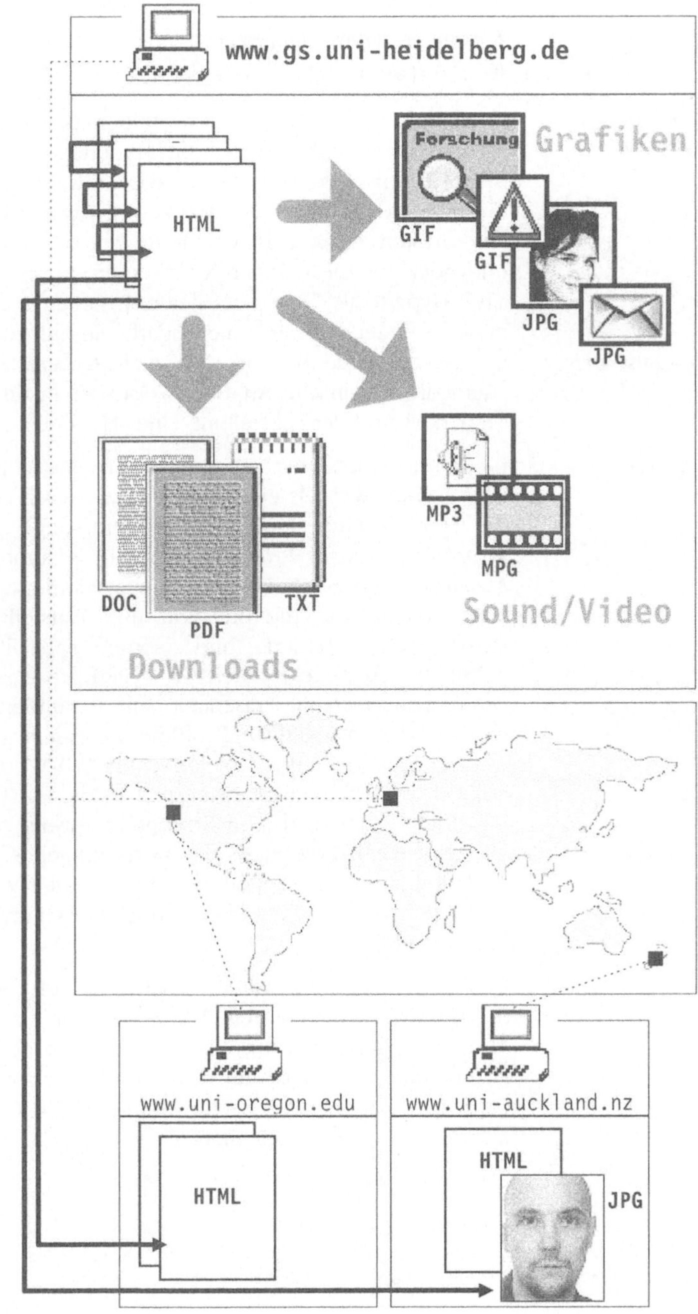

Bild 4.5: WWW-Angebot mit Multimedia-Einbindung sowie Hypertext-*internen* und Hypertext-*externen* Verknüpfungen

4.2.4 Wie sind Hypertexte aufgebaut?

Was ist nun eigentlich ein „Hypertext"? –

Elektronisch publizierte Texte

Nach den vorangehenden Abschnitten dürfte zumindest schon einmal klar sein, dass es sich bei Hypertexten um Texte handelt, die *elektronisch publiziert* sind, also entweder auf einem Datenträger (Diskette oder CD-ROM) zur Verfügung stehen oder unter einer festen Adresse in einem Rechnernetz (lokales Netzwerk und/oder Internet) abgerufen werden können. Des Weiteren sind Hypertexte Texte, zu deren Erstellung und Erschließung man bestimmter Programme bedarf, die auf einem bestimmten, jeweils zugrunde liegenden *Hypertextsystem* basieren, in welchem die spezifische Art und Weise der Realisierung, der Verfügbarkeit und der Darstellung eines Hypertextes vorgegeben ist.

Hypertextsysteme

In diesem Buch beschäftigen wir uns ausschließlich mit dem World Wide Web als einem Hypertextsystem, das auf HTML (für die Dokumenterstellung und -beschreibung), auf HTTP (dem *Hyper Text Transfer Protocol*, das die Übertragung und somit den Austausch von HTML-Dokumenten gewährleistet) und Browser-Software (für die Interpretation und Darstellung von HTML-Dokumenten) basiert und somit speziell auf Online-Publikationen zugeschnitten ist. (Natürlich lassen sich HTML-Dokumente auch für Präsentationen verwenden, die auf Datenträgern abgespeichert und offline in einem Browser gelesen werden sollen; hierbei spielen dann WWW und HTTP keine Rolle. Das Hypertextsystem besteht in diesem Fall lediglich aus HTML und dem zu dessen Erzeugung jeweils verwendeten Editor sowie dem Browser als den notwendigen Komponenten, um Produktion und Rezeption von Hypertexten zu gewährleisten; der Datentransfer erfolgt über den Austausch etwa von Disketten oder CD-ROMs).

Es gibt allerdings auch noch andere Hypertextsysteme (beispielsweise das System HYPERCARD für Macintosh oder das ASYMETRIX TOOLBOOK für Windows, das auf der Grundlage von Datenbanken arbeitet). Auf diese soll hier aber nicht näher eingegangen werden, das sie für Online-Publikationen kaum oder nur bedingt in Frage kommen.

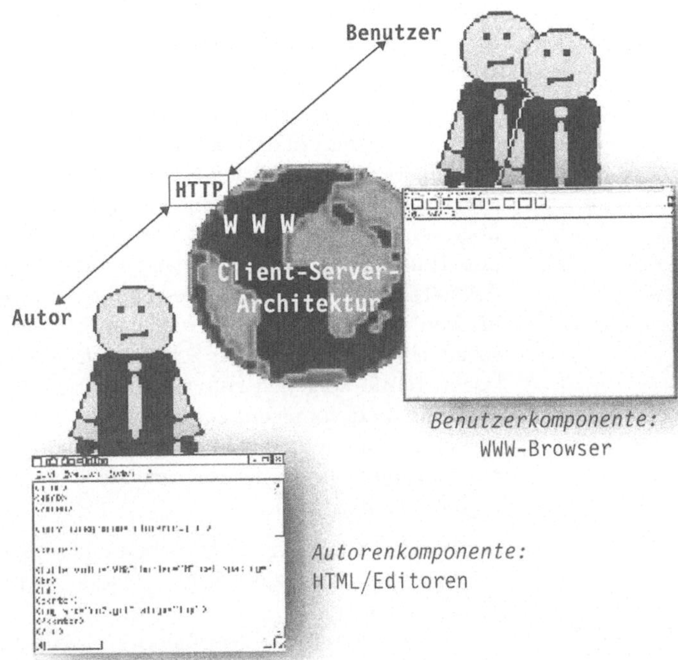

Bild 4.6: Aufbau eines Hypertextsystems am Beispiel des WWW: Die Basis bildet die Client-Server-Architektur, anhand derer Hypertexteinheiten bzw. HTML-Dokumente verfügbar werden; den Austausch gewährleistet das Übertragungsprotokoll HTTP; zur Produktion und Rezeption der Hypertexteinheiten bedarf es zum einen einer Autorenkomponente (HTML und Editoren) und zum anderen einer Benutzerkomponente (in diesem Fall eines Browsers).

Nicht-lineare Präsentation

Während den „Bauteilen" eines Textes im Printmedium aufgrund der linearen Präsentationsform jeweils ein fester Platz in einer vom Autor vorgegebenen Anordnung zugewiesen ist (vgl. Kap. 4.1), lassen sich bei der Erstellung von Hypertexten diese sogenannten „Bauteile" alle als eigenständige Dokumente („Module") realisieren, die über Hyperlinks miteinander verknüpft werden, so dass sich letzten Endes für die Präsentation eine *nicht-lineare* Anordnung ergibt, bei der den potentiellen Benutzern weitgehende Freiheiten eingeräumt werden, um sich die in den Modulen angebotenen Informationen in einer bestimmten Auswahl und Reihenfolge zu erschließen, die ihren spezifischen Interessen entspricht (vgl. Bild 4.4).

E-Texte

Zu unterscheiden sind Hypertexte von den sogenannten „E-Texten": *E-Texte* entsprechen in den meisten ihrer Eigenschaften Print-Texten, mit dem einzigen Unterschied, dass sie elektronisch publiziert sind. Ansonsten sind sie aber ebenfalls linear aufgebaut und bestehen somit aus nur einem Dokument, in welchem alle „Bauteile“ in einer bestimmten (vom Autor vorgegebenen) Reihenfolge aufeinander folgen und das sich ein Benutzer allein mithilfe des Scrollbalkens im Browser erschließen kann.

Die Übergänge zwischen E-Text und Hypertext sind allerdings fließend, insofern bereits bei der Aufbereitung eines Print-Textes zum E-Text durch Definition dokumentinterner Verweise (Inhaltsverzeichnis, Fußnoten) ein gewisser „Mehrwert“ gegenüber dem Printmedium erzielt werden und durch die Möglichkeit des „Hin- und Herspringens“ zwischen den einzelnen „Bauteilen“ des E-Textes der Eindruck eines modularen Aufbaus der elektronischen Version erweckt werden kann. Wenn Sie eine wissenschaftliche Arbeit Schritt für Schritt nach den in Kap. 3 beschriebenen HTML-Vorgaben aufbereiten, müsste Ihnen am Ende ein solcher E-Text vorliegen, der Ihre Arbeit *linear* in *einem* HTML-Dokument präsentiert, aber mittels der Nutzung dokumentinterner Linkangebote wahlweise auch selektiv erfasst werden kann (vgl. hierzu Bild 3.25).

Ein Hypertext kann natürlich neben Links zwischen den einzelnen Modulen auch zusätzlich je Modul noch dokument*interne* Links beinhalten.

Bild 4.7: E-Text versus Hypertext

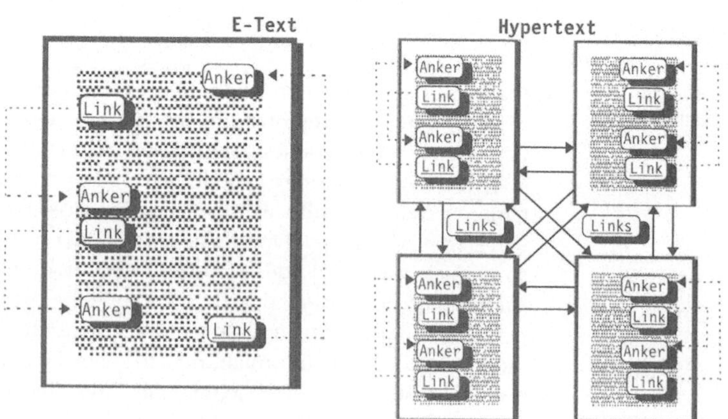

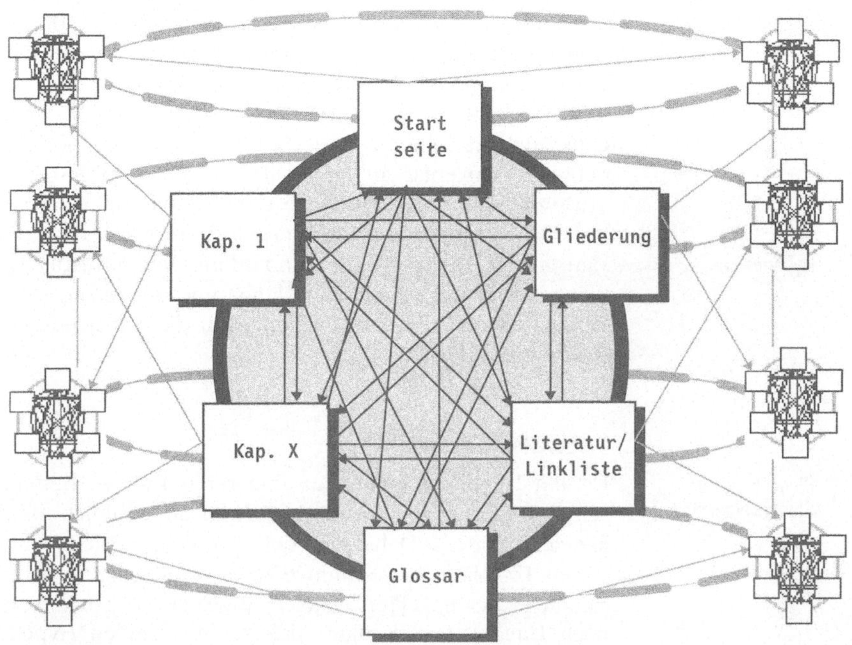

Bild 4.8: Modell eines Hypertextes, dessen einzelne Module wiederum mit einzelnen Modulen anderer Hypertexte verknüpft sind. Die verschiedenen Hypertexte bilden somit ein Hypertext*netz*.

Hypertextnetze

Über Hypertext-externe Links lassen sich Hypertexte – wie bereits im vorangehenden Abschnitt beschrieben – an andere Hypertexte anbinden. Auf diese Art und Weise entstehen sogenannte Hypertext*netze*, die im Kleinen in der Regel einen thematischen Zusammenhang aufweisen. Im Großen kann das gesamte World Wide Web als ein gigantisches Hypertextnetz angesehen werden, insofern – grundsätzlich gesehen – über Umwege *jedes* WWW-Angebot letztendlich von jedem beliebigen anderen WWW-Angebot aus durch Links erreicht werden kann.

4.3 Schritt für Schritt: Hypertext-Design

„Hypertext Engineering"

Ausgehend von den beschriebenen Charakteristika von Hypertexten gegenüber Texten im gedruckten Medium soll in diesem Abschnitt nun Schritt für Schritt in die Praxis dessen eingeführt werden, was gemeinhin als „Hypertext Engineering“ bezeichnet wird. *Hypertext Engineering* bezeichnet die Planung, Konzeption und „Montage“ eines Hypertextes auf der Grundlage einer bestimmten *Texttechnologie* (in unserem Fall die spezifische Beschaffenheit von HTML als einer formalen Sprache zur codierten Beschreibung von Texteigenschaften), die ein genau definiertes Inventar an Möglichkeiten zum *Textdesign* und zur *Textpräsentation* bereitstellt (in unserem Fall die Gesamtheit der in HTML vorgesehenen Elemente und Attribute). Da das Textdesign mit HTML auch die Einbindung unterschiedlichster Medientypen (Fotos, Grafiken, Klang- und Videodateien) erlaubt, wird anstatt Hyper*text* bisweilen auch die Bezeichnung Hyper*media* verwendet.

Hypermedia

4.3.1 Vorbereitende Schritte

Einrichten eines Stammverzeichnisses

Da ein Hypertext immer aus mehreren Dateien besteht, sollte seine Organisation von vornherein so übersichtlich als möglich angelegt werden. Daher empfiehlt es sich, zunächst auf der eigenen Festplatte ein Stammverzeichnis anzulegen, in welchem sämtliche der erstellten Dateien abgelegt werden und das – je nach Umfang und Struktur des zu erstellenden Hypertextes – mehrere Unterverzeichnisse beinhalten kann. Diese Verzeichnisstruktur kann nach Fertigstellung des Hypertextes komplett auf den WWW-Server überspielt werden, auf welchem das Angebot veröffentlicht werden soll.

Der Vorteil, sämtliche Module und Komponenten eines Hypertextes in *einem* Verzeichnis mit gegebenenfalls mehreren Unterverzeichnissen abzulegen, besteht darin, dass bei der Definition von Verweisen (Hyperlinks) zwischen den einzelnen Dokumenten oder beispielsweise bei der Einbindung von Grafikdateien, die sich im selben Verzeichnis befinden, ein verkürzter URL angegeben werden kann (vgl. Kap. 3.2.4.1). Zudem bleibt die Struktur des WWW-Angebots auch für spätere Überarbeitungen übersichtlich. Möchte man beispielsweise eines der Module im Nachhinein durch eine aktualisierte Version ersetzen, so genügt es, die alte Version einfach durch die neue (unter Beibehaltung des alten Dateinamens) zu ersetzen, ohne dass sämtliche Links geändert werden müssen. Da die Verzeichnisstruktur dieselbe bleibt und das neue Dokument nun innerhalb der Verzeichnisstruktur dieselbe Stelle einnimmt wie das alte, ändert sich nichts an den „Adressen“, die den einzelnen Dateien innerhalb des Hypertextes zukommen.

Bild 4.9 zeigt die Verzeichnisstruktur eines Hypertextes, der aus acht HTML-Dokumenten besteht, die alle im Stammverzeichnis „hypertext" abgelegt sind. Das Stammverzeichnis enthält darüber hinaus ein Unterverzeichnis „media", in dem vier Grafikdateien und eine Klangdatei abgelegt sind, die für die Einbindung in die HTML-Dokumente vorgesehen sind. Die Verweise zwischen den HTML-Dokumenten und die Einbindung der „media"-Dateien funktionieren über die Angabe eines verkürzten URL.

Bild 4.9: Verzeichnis- und Verweisstruktur eines Beispiel-Hypertextes

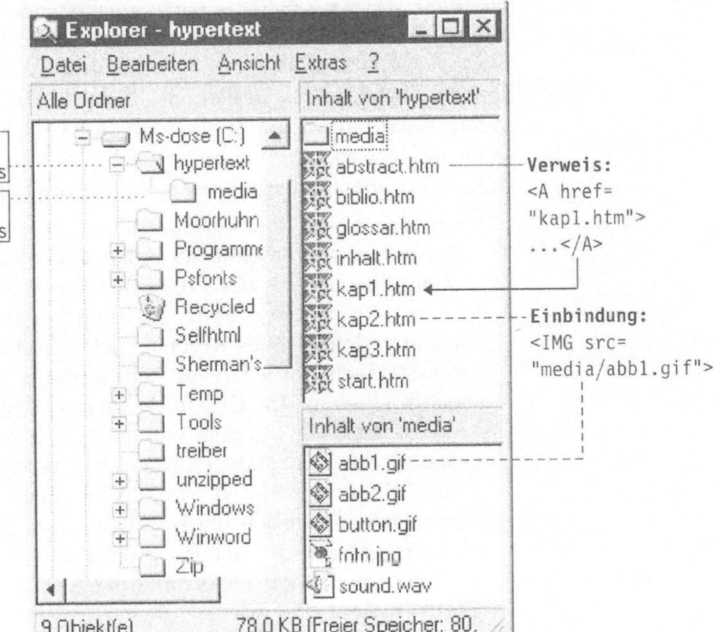

4.3.2 Entlinearisierung der Vorlage

Um eine wissenschaftliche Arbeit für die Hypertextualisierung vorzubereiten, muss sie zunächst einmal in mehrere Einzelteile zerlegt werden. Diese Einzelteile sollen dann anschließend durch HTML-Auszeichnung und Anlegen von Verweisen zu Hypertext-Modulen aufbereitet werden. Die lineare Vorlage wird somit umgewandelt in einen nicht-linear organisierten Verbund aus mehreren autonomen Dokumenten. Hierbei sind – um den Eigenheiten des Mediums Hypertext gerecht zu werden – stellenweise einige Nachbearbeitungen der Vorlage vonnöten, die sowohl den Inhalt des Textes als auch die Bezüge zwischen den einzelnen Textteilen betreffen.

4.3.2.1 Zerlegung in Module

Bei der Zerlegung der Vorlage sollte darauf geachtet werden, dass die dabei entstehenden Einzelteile jeweils einen inhaltlich relativ abgeschlossenen Teil des Gesamttextes enthalten. Das „Zerschneiden" des Textes sollte also nicht willkürlich vorgenommen werden, sondern nach inhaltlichen Gesichtspunkten. So empfiehlt es sich beispielsweise, einen mehrfach gegliederten wissenschaftlichen Text in seine jeweiligen Hauptkapitel zu splitten. Anschließend sollten die so gewonnenen Einzeldokumente noch einmal jeweils für sich durchgelesen und gegebenenfalls – vor allem an ihrem jeweiligen Anfang und Ende – dahingehend überarbeitet werden, dass sie die folgenden Kriterien erfüllen:

a) Bei jedem Einzeldokument sollte der *Zusammenhang mit dem Gesamtthema* der Arbeit und die Relevanz für die an dieses Thema geknüpfte Ausgangsfragestellung klar erkennbar sein. Dieses Kriterium gilt natürlich auch für wissenschaftliche Arbeiten im Print-Medium. Im Medium Hypertext kommt ihm aber noch stärkere Bedeutung zu, da – wie in Kap. 4.2.3 gezeigt wurde – ein Benutzer die einzelnen Module eines Hypertextes nicht unbedingt in derjenigen Reihenfolge liest, die der Reihenfolge der zugrunde liegenden Print-Version entspricht. Insofern könnte es für einen Leser unter Umständen problematisch werden, die Relevanz eines Moduls, das einen längeren Exkurs beinhaltet, für das Gesamtthema der Arbeit zu verstehen, wenn dieses Modul nicht einleitend eine Anmerkung enthält, der zu entnehmen ist, auf welche Weise der besagte Exkurs für die Behandlung des Themas von Interesse ist.

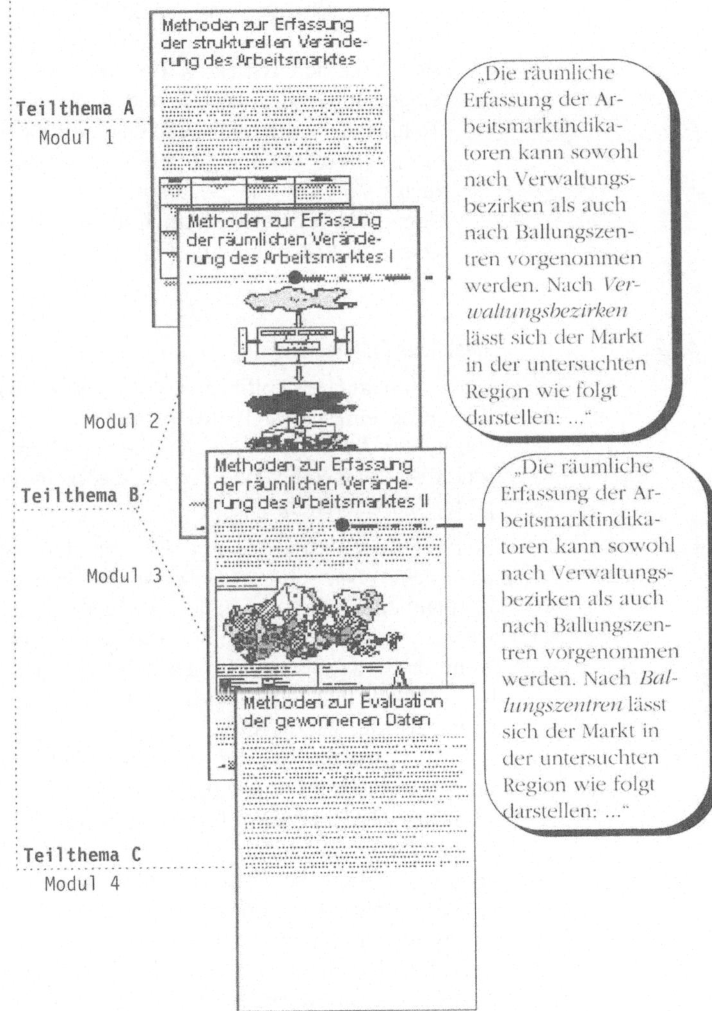

Bild 4.10: Prinzip: Relative Eigenständigkeit der Module eines nicht-linear organisierten Textes

b) Wird in einem Einzeldokument ein neues Teilthema oder eine neue Fragestellung eröffnet, so sollte der damit zusammenhängende thematische Bogen nach Möglichkeit auch *im selben Dokument* wieder geschlossen werden. Beginnt ein Hypertextmodul beispielsweise mit dem Satz „Wenden wir uns dem Aspekt X zu...“, dann sollte sich die korrespondierende Formulierung „Zusammenfassend lässt sich über den Aspekt X des Themas aussagen...“ nicht in einem anderen Modul befinden. Ist die Behandlung eines Teilthemas so umfangreich, dass es notwendig erscheint, sie auf mehrere Module zu verteilen, so sollte zu Beginn jedes dieser Module das Teilthema kurz zusammengefasst werden, damit jedes Modul auch für sich allein gewinnbringend verstanden werden kann (vgl. Bild 4.10).

4.3.2.2 Inhaltliche Entlinearisierung

Unter „inhaltlicher Entlinearisierung“ ist – anschließend an die Zerlegung eines Print-Textes in mehrere Module – die Angleichung der Art und Weise der thematischen Bezugnahme zwischen den einzelnen Modulen an das nicht-lineare Medium Hypertext zu verstehen.

Bezugnahmen in Text und Hypertext

In Print-Texten ist es häufig der Fall, dass mit Formulierungen wie „siehe *oben*“ oder „wie *bereits* beschrieben“ Teile der linear vorangehenden Argumentation thematisch wieder aufgenommen werden. Solche Bezugnahmen machen natürlich nur dann Sinn, wenn das, was „oben“ nachgesehen werden soll oder als „bereits beschrieben“ bezeichnet wird, vom Leser auch tatsächlich bereits erfasst wurde. Wie in Kap. 4.2.3 und Bild 4.4 gezeigt wurde, lässt sich im Hypertext-Medium der Leseverlauf des potentiellen Benutzers nie hundertprozentig planen oder kontrollieren. Insofern wäre also denkbar, dass für einen Benutzer ein Hinweis „siehe oben“ überhaupt keinen Sinn macht, sofern ihm dasjenige, was angeblich „oben“ sein soll, im Rahmen seines spezifischen und selbstgewählten Leseverlaufs noch gar nicht begegnet ist. Da ihm das Wörtchen „oben“ zudem keinerlei Anhaltspunkt dafür gibt, was für Informationen an der damit vage referenzierten Textstelle wohl zu finden sein mögen, ist abzusehen, dass sich für ihn an dieser Stelle seines Leseverlaufs ein Verständnisproblem ergeben dürfte, das vermutlich nur durch mühsames Herumsuchen in den übrigen Modulen des Hypertextes gelöst werden kann.

Daher sollte eine Überarbeitung derjenigen Textverweise, die auf Textstellen bezug nehmen, die sich nicht im selben Modul befinden, unter folgenden Gesichtspunkten erfolgen:

Textverweise umformulieren

a) Die Formulierung dieser Bezugnahmen sollte keinerlei linearen Leseverlauf mehr suggerieren. Statt dessen sollte entweder das Modul angeführt werden, in welchem die entsprechende Passage zu finden ist oder eine Kurzgeschreibung des Themas dieser Passage gegeben werden, der der Benutzer auf einen Blick entnehmen kann, welche zusätzlichen Informationen ihn dort erwarten. „siehe oben" wäre also beispielsweise abzuändern entweder zu „siehe Kapitel 2.1" (konkrete Benennung des Moduls) oder zu „siehe Jaspers' Differenzierung des Schuldbegriffs" (Kurzbeschreibung der betreffenden Textpassage).

Notwendige Textverweise „verlinken"

b) Um dem Benutzer das Auffinden der entsprechenden Textstellen zu erleichtern, sollten diejenigen Textverweise, deren Verfolgung für ein Verständnis der Agrumentation notwendig ist, als „Absprungstellen" (Links) realisiert werden. Somit hat der Benutzer die Möglichkeit, von einem Textverweis auf „Jaspers' Differenzierung des Schuldbegriffs" direkt zu demjenigen Modul zu gelangen, in welchem diese beschrieben ist. Idealerweise sollte ihn von diesem anderen Modul ein weiterer Link auch wieder zur „Absprungstelle" zurückführen, so dass er nach der Lektüre der betreffenden Passage wieder an dem Punkt der Argumentation in seinem Leseverlauf fortfahren kann, an dem er sich ursprünglich befunden hat.

Bild 4.11 zeigt, wie die Textverweise eines Print-Textes umformuliert und entsprechend der modularen Zerlegung der Vorlage als Hyperlinks zwischen den einzelnen Modulen realisiert werden können. Als Beispiel dient hierbei ein Ausschnitt aus einer geschichtswissenschaftlichen Arbeit über die Stellungnahmen des Philosophen Karl Jaspers zur Kollektivschulddebatte nach 1945.

Bild 4.11: Textverweise in Print- und Hypertext

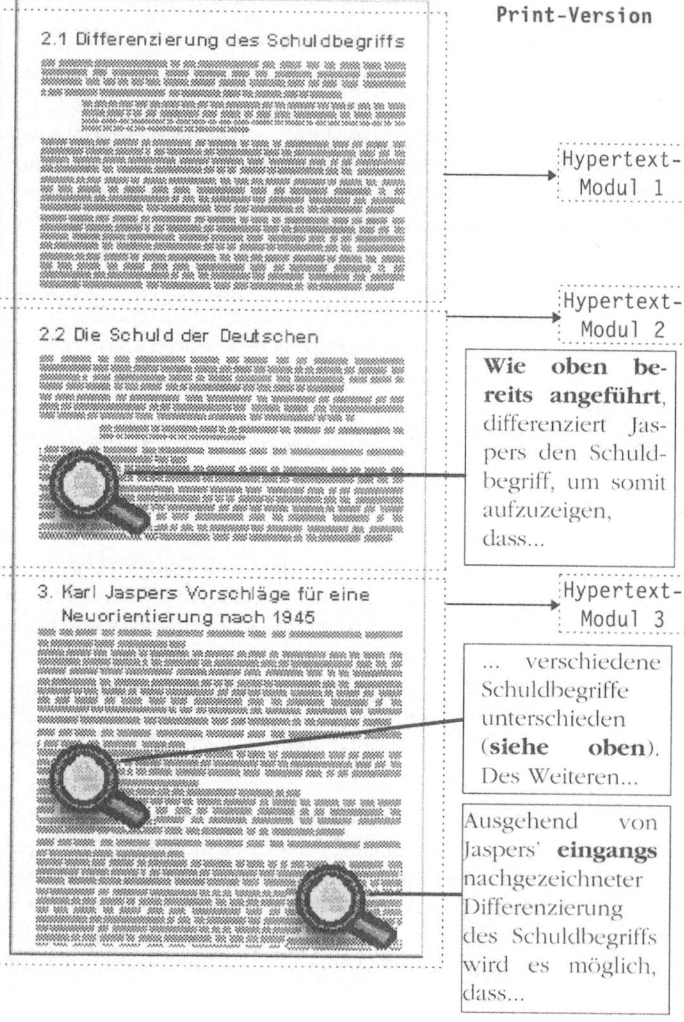

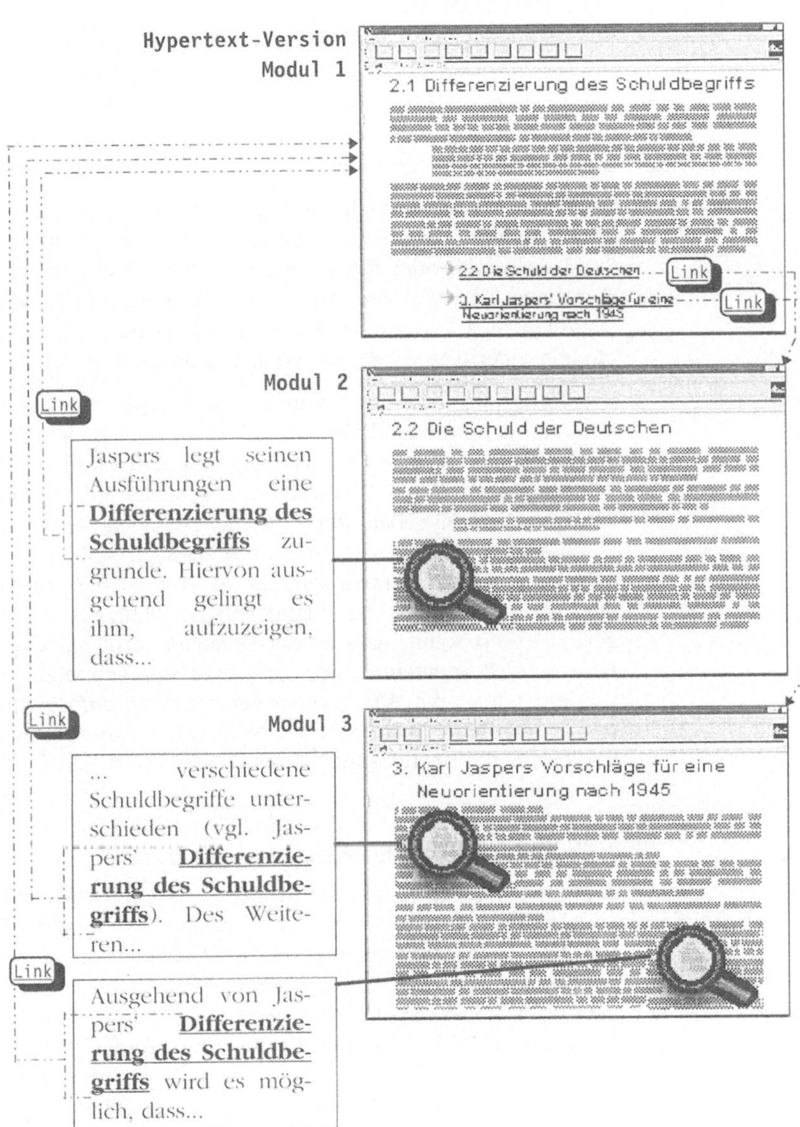
Hypertext-Version
Modul 1
2.1 Differenzierung des Schuldbegriffs
2.2 Die Schuld der Deutschen
Link
3. Karl Jaspers' Vorschläge für eine Neuorientierung nach 1945
Link
Modul 2
Link
2.2 Die Schuld der Deutschen
Jaspers legt seinen Ausführungen eine Differenzierung des Schuldbegriffs zugrunde. Hiervon ausgehend gelingt es ihm, aufzuzeigen, dass...
Link
Modul 3
3. Karl Jaspers Vorschläge für eine Neuorientierung nach 1945
... verschiedene Schuldbegriffe unterschieden (vgl. Jaspers' Differenzierung des Schuldbegriffs). Des Weiteren...
Link
Ausgehend von Jaspers' Differenzierung des Schuldbegriffs wird es möglich, dass...

4.3.3 Präsentationskonzepte

Nachdem Sie Ihren Text in Module zerlegt, die Module inhaltlich überarbeitet und in formaler Hinsicht anhand der in Kapitel 3 beschriebenen HTML-Elemente in eine browserlesbare Form gebracht haben, sollten Sie als nächstes entscheiden, welches Präsentationskonzept Sie Ihrem Hypertext zugrunde legen wollen.

Grundsätzlich bieten sich für hypertextuell organisierte WWW-Angebote zwei verschiedene Präsentationsmöglichkeiten an. Die Wahl des einen oder des anderen Konzepts sollte dabei davon bestimmt sein, wie Ihre Arbeit aufgebaut ist und in welchem Maße Sie als Autor den selektiven, nicht-linearen Zugriff auf ihre Module unterstützen oder teilweise begrenzen möchten.

Vorentscheidungen

Die Konzeption der Präsentation eines Hypertextangebots beschränkt sich nicht lediglich auf die Frage nach dem Wie der bestmöglichen visuellen Realisierung, sondern ist auch maßgeblich mitbedingt durch Vorentscheidungen, die Stil, Art und Anzahl der Verweise betreffen, welche zwischen den einzelnen Modulen definiert werden sollen. Schließlich stellen die Links diejenigen Funktionsträger dar, die es ermöglichen, die Inhalte der einzelnen Module zu einander in Beziehung zu setzen und gewährleisten somit, dass es der Benutzer nicht mit einem *Nebeneinander fragmentarischer Informationsangebote* zu tun hat, sondern mit einem *Miteinander verschiedener Informationseinheiten*, aus denen sich über die Verfolgung von Verweisen ein komplexes Informationsangebot erschließen lässt.

4.3.4 Präsentationskonzept I: Ersetzende Anzeige („Noframe")

Beim so genannten „Noframe"-Konzept, das auf dem Prinzip der *ersetzenden Anzeige* beruht, wird jeweils nur ein Modul Ihres Hypertextes im Browser angezeigt. Entscheidet sich der Benutzer, ein in diesem Modul enthaltenes Link-Angebot wahrzunehmen, so wird das damit referenzierte neue Dokument aufgerufen und anstatt des bisherigen im Browser zur Anzeige gebracht. Der selektive Zugriff auf die Module eines nach diesem Konzept präsentierten Hypertextes lässt sich insofern begrenzen, als der Benutzer jeweils nur so viele Optionen für die weitere Wahl seines Leseverlaufs zur Auswahl hat, als das jeweilige Modul Links aufweist. So können Sie beispielsweise, wenn Sie dies für didaktisch sinnvoll erachten, den potentiellen Lesern Ihres Hypertext-Angebots einen linearen Leseverlauf nahe legen, indem Sie in jedem Ihrer Module nur zwei Links zur Wahl stellen, von denen der eine auf das jeweils nächste und der andere auf das jeweils vorangehende Kapitel verweist.

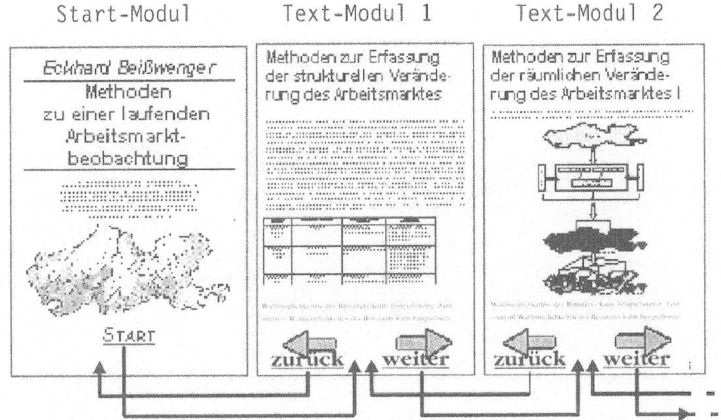

Bild 4.12: Hypertext mit ersetzender Anzeige und stark begrenztem Verweisangebot

Eine solche autorseitige Begrenzung der Wahlmöglichkeiten des Benutzers kann beispielsweise dann sinnvoll sein, wenn Ihre Arbeit einen streng linearen Argumentationsverlauf aufweist, bei dem das Verständnis eines jeweiligen Kapitels nie ohne die Kenntnis der bereits vorangegangenen Kapitel möglich ist, so dass der Benutzer bei selektivem Zugriff permanent zwischen den einzelnen Modulen "umherspringen" müsste, um sich diejenigen Informationen zu erschließen, die er benötigt, um ein ganz bestimmtes dieser Module zu verstehen. In einem solchen Fall wäre allerdings grundsätzlich zu überlegen, ob dann die Arbeit nicht besser von vornherein als ein komfortabler E-Text zu realisieren wäre, also in Form eines zwar elektronisch aufbereiteten, aber nach wie vor weitgehend linearen Textangebots.

Um die Hypertext-Möglichkeiten ideal auszunutzen, empfiehlt es sich für Angebote, die nach dem Konzept der ersetzenden Anzeige organisiert sind, in der Regel, dem Benutzer einen *teilweise selektiven* Leseverlauf zu offerieren, indem Sie etwa neben Links zum jeweils vorangehenden und jeweils nachfolgenden Kapitel auch noch je Modul einen Link anbieten, der zum Inhaltsverzeichnis auf der Startseite zurück führt und das Inhaltsverzeichnis so auszeichnen, dass von dort jedes Kapitel Ihrer Arbeit einzeln aufgerufen werden kann.

Bild 4.13: Hypertext mit ersetzender Anzeige und Link-Angeboten für einen teilweise selektiven Leseverlauf

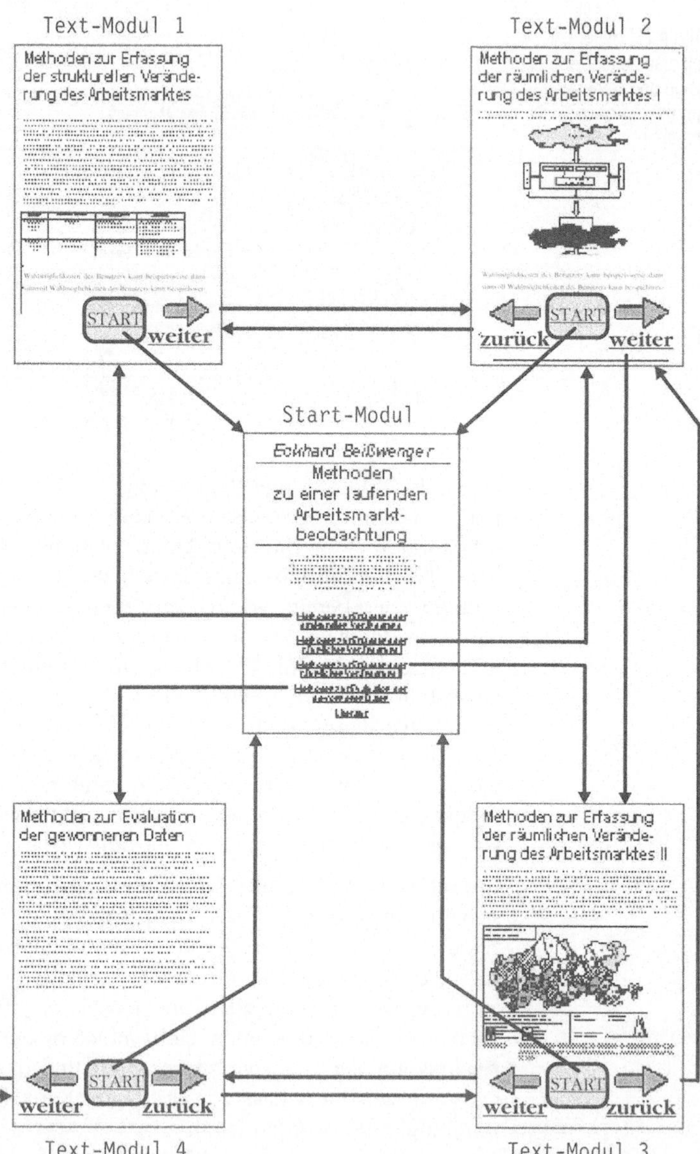

4.3.5 Gut gelinkt ist halb gewonnen

Durchdachte Konzeption von Verweisen

Wie Sie sehen, gehört zu einer optimalen Präsentation ein durchdachtes Verweiskonzept. Hypertext-Angebote, bei deren Erstellung Links größtenteils intuitiv gesetzt wurden, leiden oftmals an einer für ihren Benutzer wenig erfreulichen Unübersichtlichkeit. Dies liegt in der Regel daran, dass Sinn und Funktion der einzelnen Links für den Benutzer nur spekulativ ersichtlich sind. Aus diesem Grunde sollten Sie versuchen, die Verweise zwischen den einzelnen Modulen Ihres Angebots so zu definieren, dass der Benutzer ohne allzu große Mühe einen gewissen „Stil" der Verweisführung erkennen kann.

Bedenken Sie zunächst Folgendes: Ein Benutzer, der Ihr WWW-Angebot zum erstenmal besucht, hat nicht unbedingt eine klare Vorstellung davon, was ihn auf Ihren Seiten erwartet, wie umfangreich die angebotenen Informationen sind und vor allem nicht, wo genau die „Grenzen" Ihres Hypertextes liegen. Wenn beispielsweise aus einem Modul X Ihres Hypertextes (I) auf ein Modul Y eines anderen Hypertextes (II) verwiesen wird, ohne dass aus der Beschreibung des Links klar hervorgeht, dass der Benutzer bei seiner Betätigung Ihr Angebot verlässt, so besteht die nicht unerhebliche Gefahr, dass der Benutzer anschließend nicht wieder zu Ihrem Angebot zurückfindet, sondern sich vielmehr auf der Suche nach einem „Rückweg" in den Modulen von II „verläuft". Da nicht vorausgesetzt werden kann, dass Hypertext II Links zu Hypertext I beinhaltet, wird er sich anschließend entweder seinen weiteren Leseverlauf in den Modulen von II bahnen (womit man ihn also als Leser des eigenen Angebots „verloren" hat) oder aber sich wundern (ärgern!), dass er nicht mehr ohne Weiteres zu derjenigen WWW-Seite zurückfindet, auf der er sich einen Mausklick zuvor noch befunden hat.

Kriterium Nr. I: Unterschiedliche Typen von Links kennzeichnen

Als erstes Kriterium für das Anlegen von Links sollte also gelten:

- *Seien Sie informativ* dahingehend, dass ein Benutzer auf einen Blick erkennen kann, ob es sich bei einem angebotenen Link um einen *Hypertext-internen* oder einen *Hypertext-externen* Verweis handelt!

Linkbeschreibungen: „Wegweiser" auf der „Datenautobahn"

Die Beschreibung eines Links, also dasjenige, was im Quelltext zwischen dem eröffnenden Tag <*A href*='[URL]'> und dem End-Tag </*A*> der Linkdeklaration eingefügt und in der Anzeige als anklickbares Textsegment formatiert wird, sollte es dem Benutzer ermöglichen, vorauszusehen, welchen weiteren „Reiseweg" er im WWW bei dessen Betätigung nehmen wird. Bildlich gesprochen: Wer eine Fahrt in unbekanntes Terrain unternimmt, ohne auf seinem Weg Orientierungsmöglichkeiten geboten zu bekommen, wird später vor dem Problem stehen, seine Reiseroute spekulativ rekonstruieren zu müssen, um wieder zum Ausgangspunkt seines Ausfluges zurückkehren zu können. Wem aber an signifikanten Punkten einer Reise (Kreuzungen) Hinweisschilder besagen, wohin die jeweils angebotenen Wege führen, wie weit die bis dahin zurückzulegende Strecke ist und ob sich der jeweils angegebene Zielort im In- oder Ausland befindet, der wird an jedem Punkt des Weges zumindest so weit orientiert sein, dass er nötigenfalls einen eventuellen Rückweg zu einem früheren Zwischenstopp ermitteln kann. Hierzu sollten die Hinweisschilder so viel Information tragen als für eine Orientierung vonnöten: Eine Angabe „Berlin“ auf einem Autobahnwegweiser macht für sich allein nur wenig Sinn, insofern sich daraus bestenfalls erschließen lässt, dass die Stadt Berlin *existiert*. In Verbindung mit weiteren Angaben wie beispielsweise „637km“ und „D“ (für „Deutschland“) wird das Schild aber zu einer wichtigen Orientierungshilfe.

Orientierungshilfen geben

Stellen Sie sich einmal vor, Sie stoßen als Leser eines Hypertextes zum Thema „Hypertext“ auf die in Bild 4.14 abgebildete Textstelle, die einen Link enthält. Die Beschreibung dieses Links gibt zwar Aufschlüsse darüber, was die damit referenzierte WWW-Seite thematisch zu bieten hat; in welcher Beziehung diese Seite allerdings zu demjenigen Hypertext steht, in welchem Sie als Benutzer gerade lesen, lässt sich daran nicht ablesen. Falls es sich bei der referenzierten Seite um ein weiteres Modul des selben Hypertextes handelt, so ist dies nicht unbedingt problematisch. Handelt es sich jedoch – wie abgebildet – um ein Modul eines *anderen* Hypertextes, so laufen Sie als Benutzer Gefahr, sich – wie bei einer Autonahnabfahrt mit mangelhafter Beschilderung – zu „verfahren“, insofern es dann geschehen kann, dass Sie sich nach ein oder zwei weiteren Abzweigungen an einem Ort befinden, von welchem Sie nicht mehr ohne Weiteres zurückfinden. Und ärgerlicherweise gibt es im WWW keine Passanten, die man bitten könnte, einem den Rückweg zur Autobahn zu erklären.

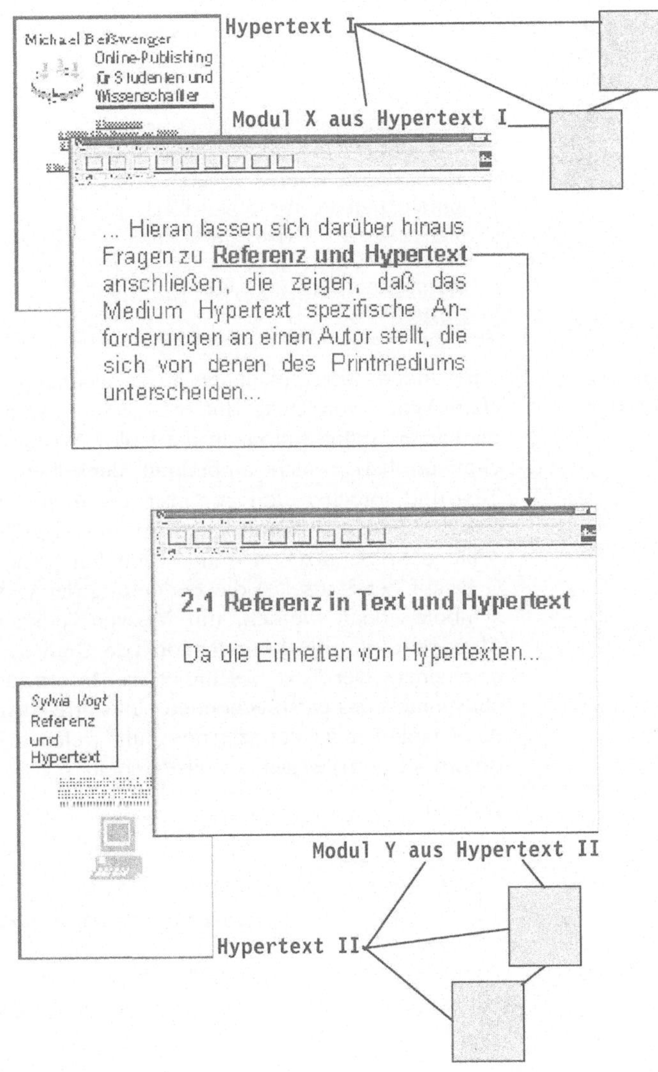

Bild 4.14: Hypertext-externer Verweis mit problematischer Beschreibung

Die Problematik der Linkbeschreibung in Bild 4.14 ließe sich entschärfen, indem man sie dahingehend abändert, dass eindeutig ersichtlich wird, dass das Verweisziel *extern* gelegen ist und die Textpassage, in welche der Link eingebettet ist, entsprechend umformuliert:

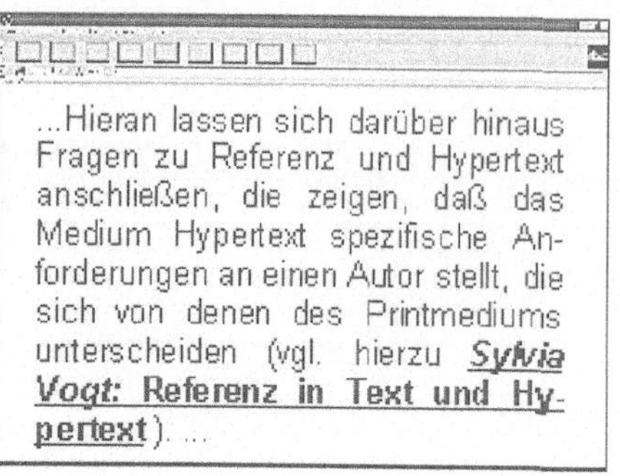

Bild 4.15: Adäquate Kennzeichnung eines hypertext-externen Verweises (Beispiel)

Einbindung von Grafiksymbolen

Eine andere Möglichkeit der Kennzeichnung der unterschiedlichen Typen von Links (intern – extern) wäre die Einbindung markanter Grafik-Buttons in die Link Deklaration. Aber Vorsicht: Grafiken haben nicht unbedingt denselben Aussagewert wie Text und sprechen den Benutzer auf andere Art und Weise an (visuelle Symbolfunktion versus informativer Text)! In der Regel sollte dem Benutzer an einer zentralen Stelle des Hypertextes (z.B. auf der Startseite) die Bedeutung der verwendeten Grafiksymbole erklärt werden, um Missverständnissen vorzubeugen. Als ideal dürfte die Kombination von Grafiksymbolen *und* Text erscheinen: Der Text beschreibt das Informationsangebot, welches mittels des entsprechenden Links erreicht werden kann und das Grafikelement kennzeichnet, um welchen Typ von Verweis (intern – extern) es sich jeweils handelt.

Beispiel:

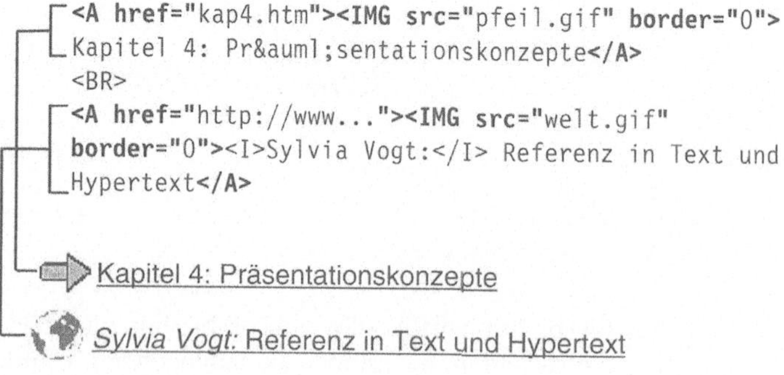

Die Lust am Spiel

Des Weiteren sollte man bei der Konzeption von Links berücksichtigen, dass der gewisse Reiz, den anklickbare Textsegmente auf einen Benutzer auszuüben vermögen, nicht unerheblich ist. Gerade unter Internet-Neulingen, die voller Faszination über die schier grenzenlosen Unterhaltungs- und Informationsmöglichkeiten des globalen Datennetzes im WWW auf „Erkundungstour" unterwegs sind, verleitet die ebenso einfach zu handhabende wie geniale Hyperlink-Funktion oftmals zu einem rein intuitiv gesteuerten „Herumklicken" (was man gemeinhin als „Surfen" bezeichnet). Eine solche spielerische Verfahrensweise bei der Aneignung der Chancen und Funktionen des „neuen" Mediums sollte natürlich nicht abgewertet werden – schließlich erlernt man den Umgang mit – eigentlich komplexen – Sachverhalten am leichtesten auf spielerische Art und Weise. Allerdings können der spezifische Reiz von Linkangeboten und die Verlockungen des risikolosen „Surfens" für jemanden, der im WWW gezielt nach ganz bestimmten Informationen sucht, mitunter auch gehörig hinderlich werden. Als Autor eines Hypertextes sollte man stets damit rechnen, dass ein Benutzer, der mit fünf alternativen Linkangeboten konfrontiert wird, deren Beschreibungen allesamt nur mäßig aussagekräftig sind, letztlich aufs Geratewohl entscheidet, welches dieser Angebote er wahrnehmen möchte, anstatt zuvor tiefschürfende Überlegungen darüber anzustellen, was für ein Informationsangebot sich hinter den einzelnen Links wohl verbergen könnte. Denn *gerade* aufgrund des nahezu grenzenlos erscheinenden Informationsangebots in der „Netzwelt" ist für ein „durchschnittliches Benutzerverhalten" immer anzunehmen, dass die Übergänge zwischen gezielter Informationssuche und „Surfen" fließend sein können, sobald ein Benutzer den Eindruck gewinnt, er komme mit einem Informationsangebot nicht zurecht, weil er darin einfach nicht das finde, was er suche. Die Folge ist dann oftmals, dass die gezielte Suche zugunsten eines entspannten „Surfens" aufgegeben wird, ganz nach dem Motto: „Vielleicht finde ich ja beim Herumklicken irgendetwas, das mich interessiert" bzw. „es gibt ja sicherlich noch andere WWW-Seiten, die mir weiterhelfen können". Grundsätzlich besteht im WWW ständig die latente Gefahr, dass der Benutzer einer Ressource sein ursprüngliches Interesse an dem dort Angebotenen aufgibt, sobald andere Ressourcen seine Aufmerksamkeit erregen, die ihm interessanter erscheinen.

Suchen versus „Surfen"

Wie kann man nun als Autor solcherlei Gepflogenheiten am besten entgegenwirken?

Um einem Benutzer das Auffinden einer von ihm gesuchten Informationsmöglichkeit so einfach als möglich zu gestalten, sollte man darum bestrebt sein, bei der Formulierung von Linkbeschreibungen eine weitestmögliche Transparenz zu erzielen. Die Beschreibung eines Links sollte den Benutzer in kompakter Form und auf einen Blick zu einer Hypothese darüber führen, welcher Art das Informationsangebot des damit referenzierten Dokuments ist und wie es in den Zusammenhang des Globalthemas des Hypertextes eingeordnet werden kann.

Kriterium Nr. II: Linkbeschreibungen so informativ als möglich formulieren

Als zweites Kriterium für das Anlegen von Links kann also formuliert werden:

- *Seien Sie informativ* dahingehend, dass ein Benutzer aus der Beschreibung eines Verweisziels einen Eindruck davon gewinnen kann, welches Informationsangebot ihn dort erwartet bzw. *was ihm die Betätigung eines Links für die weitere Erschließung des Themas „bringt"!*

Beispiel:

Globalthema: **Was ist eigentlich ein Link?**

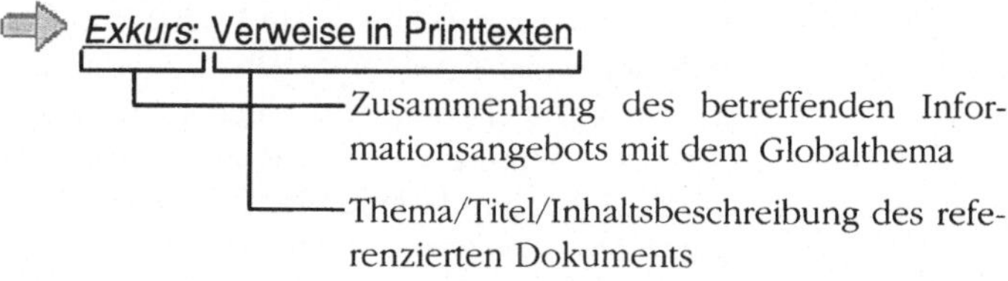

Auf keinen Fall sollten Sie Linkbeschreibungen verwenden, die den Leser dazu auffordern, selbst nachzusehen, was ihm das referenzierte Dokument wohl zu bieten vermag. Ist ein Benutzer beständig veranlasst, alle Links erst ausprobieren zu müssen, um sich über weitergehende Informationsangebote zu orientieren, so wird er sich in einem Hypertext definitiv *nicht* zurechtfinden.

Bild 4.16 zeigt ein originelles Beispiel dafür, wie man es *nicht* machen soll. Der abgebildete Dokumentausschnitt enthält insgesamt zehn Linkangebote, von denen fünf nicht informativ sind und fünf nur ein vages Minimum an Informativität aufweisen. Allen Linkbeschreibungen ist zudem gemein, dass sich ihnen nicht entnehmen lässt, ob es sich bei ihnen um Hypertext-externe oder -interne Verweise handelt. Darüber hinaus geht beispielsweise aus der Linkbeschreibung „Schwester" nicht hervor, welche Art von Informationsangebot das referenzierte Dokument bereithält: Handelt es sich dabei um die *Homepage* der

Schwester, um einen Text *über* die Schwester oder um eine (z.B. ironische) Stellungnahme zum Thema „Schwestern" im allgemeinen?

In Anbetracht des abgebildeten Beispiels mögen solcherlei Kritikpunkte spitzfindig anmuten. Das Beispiel ist einer privaten Homepage entnommen und auf Homepages können solche – vorsätzlich vage formulierten – Linkbeschreibungen natürlich verwendet werden, um witzig zu sein oder die Hyperlink-Funktion bewusst zu persiflieren. Stellen Sie sich aber einmal einen Benutzer vor, der in einem wissenschaftlichen Hypertext auf der gezielten Suche nach bestimmten Informationen mit einem ähnlich gearteten Linkangebot konfrontiert wird – er dürfte vermutlich verzweifeln!

Bild 4.16: Wie man es nicht machen soll...

4.3.6 Präsentationskonzept II: Parallele Anzeige (Fenstertechnik, „Frames")

Beim so genannten „Frame"-Konzept, das auf dem Prinzip der *parallelen Anzeige* beruht, ist es möglich, verschiedene Hypertext-Module gleichzeitig (parallel) auf dem Bildschirm zur Anzeige zu bringen. Hierbei wird in einer separaten Datei, die dem Hypertext vorangestellt ist, ein sogenanntes *Frameset* niedergelegt, das dem Browser eine Aufteilung des Anzeigefensters in mehrere Sektoren (oder: Fenster) vorgibt und genau definiert, welche Dokumente in welchem dieser Sektoren (oder: Fenster) zur Anzeige gebracht werden sollen. Bild 4.17 zeigt einen Ausschnitt aus einem Hyptertext, der nach dem Konzept der parallelen Anzeige präsentiert wird. Hierbei ist das Browserfenster in drei kleinere Fenster aufgeteilt, in denen jeweils (links im Bild) das Inhaltsverzeichnis, (rechts) der Anfang eines Kapitels und (rechts unten) eine Anmerkung angezeigt werden. Das Inhaltsverzeichnis, das besagte Kapitel und die Anmerkung befinden sich jeweils in unterschiedlichen Dokumenten und stellen somit drei unterschiedliche Module des Hypertextes dar, die aber aufgrund des gewählten Präsentationskonzepts gleichzeitig dargestellt werden können. Bild 4.18 zeigt das Schema der zugrunde liegenden Fensteraufteilung.

Bild 4.17: Parallele Anzeige mehrerer Module eines Hypertextes

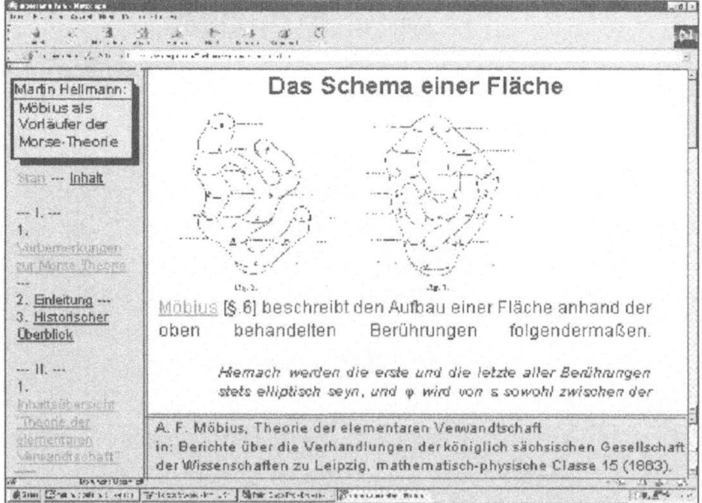

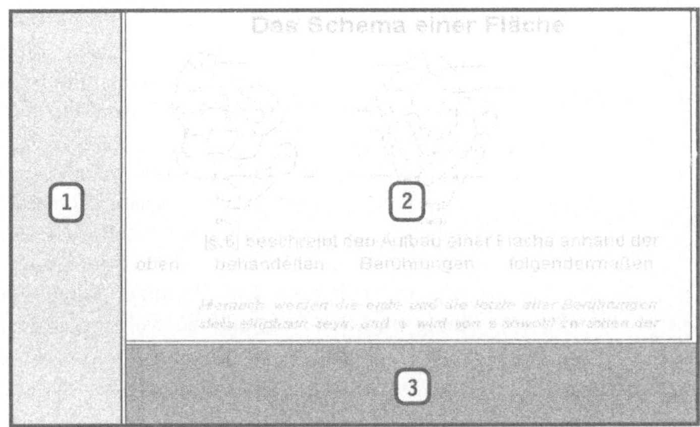

Bild 4.18: Fensteraufteilung aus Bild 4.16

Zusammenordnung von Informationseinheiten

Diese sogenannte „Fenstertechnik" trägt dem modularen Charakter eines Hypertextes auch in der Art der Präsentation Rechnung und setzt verschiedene „Bauteile" des Gesamtkomplexes jeweils unter einem bestimmten Gesichtspunkt zu einem komplementären Informationsangebot zusammen. Bild 4.17 zeigt deutlich die Vorteile einer solchen Präsentation: Die Zusammenordnung fördert den Zugriff des Benutzers auf die einzelnen Module des Hypertextes, indem sie das charakteristische *Miteinander verschiedener Informationseinheiten* (vgl. Kap. 4.3.3) auch auf der Präsentationsebene sicht- und nutzbar macht:

„Informationeller Mehrwert" I: Übersichtlichkeit

- Unabhängig vom spezifischen Leseverlauf eines Benutzers wird in Fenster 1 permanent das Inhaltsverzeichnis angezeigt. Dieses Inhaltsverzeichnis besteht aus einer Reihe von Links, bei deren Betätigung das damit jeweils referenzierte Kapitel (und somit ein bestimmtes Dokument, das ein Modul des Hypertextes darstellt) in Fenster 2 zur Anzeige gebracht wird. Dem Hypertext in Bild 4.17 kann insofern ein „informationeller Mehrwert" zugesprochen werden, als er seinen Benutzern Orientierungsmöglichkeiten bietet, die im Print-Medium nur ansatzweise in ähnlich optimaler Form realisiert werden können: Die permanente Gegenwart der Strukturübersicht über den Gesamtkomplex und damit die permanent gegebene Möglichkeit, eine beliebige Informationseinheit aus dem Gesamtangebot auszuwählen und zur Anzeige zu bringen, ohne dabei den Überblick zu verlieren.

„Informationeller Mehrwert" II: Parallele Anzeige von Modulen mit komplementärem Informationsangebot

- Durch Auslagerung des Anmerkungsapparats der präsentierten Arbeit in ein separates Dokument und die Anzeige dieser Anmerkungen in einem eigens dafür vorgesehenen Fenster (Fenster 3) muss ein Benutzer nicht – wie z.B. bei einer Realisierung von Fußnoten mittels dokumentinterner Verweise in E-Texten oder Hypertexten mit ersetzender Anzeige – zwischen Textstelle und Anmerkung hin- und herspringen. Beim Anklicken des als Link gekennzeichneten Textsegments **Möbius** in Fenster 2 wird das Dokument, welches die Anmerkungen beinhaltet, in Fenster 3 aufgerufen und die entsprechende referenzierte Anmerkung zur Anzeige gebracht. Der Benutzer kann somit eine Anmerkung und die Textstelle, zu welcher sie in Beziehung steht, parallel einsehen, wofür dem in Rede stehenden Hypertext ein weiterer Pluspunkt an „informationellem Mehrwert" verliehen werden kann.

„Historische" Vorläufer der Fenstertechnik

Die grafische Simulation der Möglichkeit, als Benutzer auf der Anwenderoberfläche eines Programms mehrere verschiedene Dokumente und Angebote parallel zu nutzen, dürfte Ihnen sicherlich aus den MICROSOFT WINDOWS-Systemen geläufig sein (vgl. Bild 4.20). Die *Idee* einer parallelen Präsentation von Daten zu Zwecken der Übersichtlichkeit oder Zusammenschau verschiedener zueinander in Beziehung stehender Informationseinheiten lässt sich allerdings bereits auf Innovationen im Design von Printmedien zurückführen. Vor allem in der Entwicklung des Designs von Zeitungen (vgl. Bild 4.19) oder auch Lehrbüchern lässt sich seit Längerem ein Trend beobachten, bei dem die traditionelle *sequentielle* (lineare) Präsentation von Daten zugunsten einer modularisierten und parallel angeordneten, *nichtlinearen* Form aufgegeben wird.

Wie Sie die Vorteile der Fenstertechnik für die Präsentation Ihres eigenen Hypertext-Angebots nutzen können, erfahren Sie in den folgenden Abschnitten.

Bild 4.19: Die Zeitung als Vorläufer von Hypertext, Fenstertechnik und Multimedia

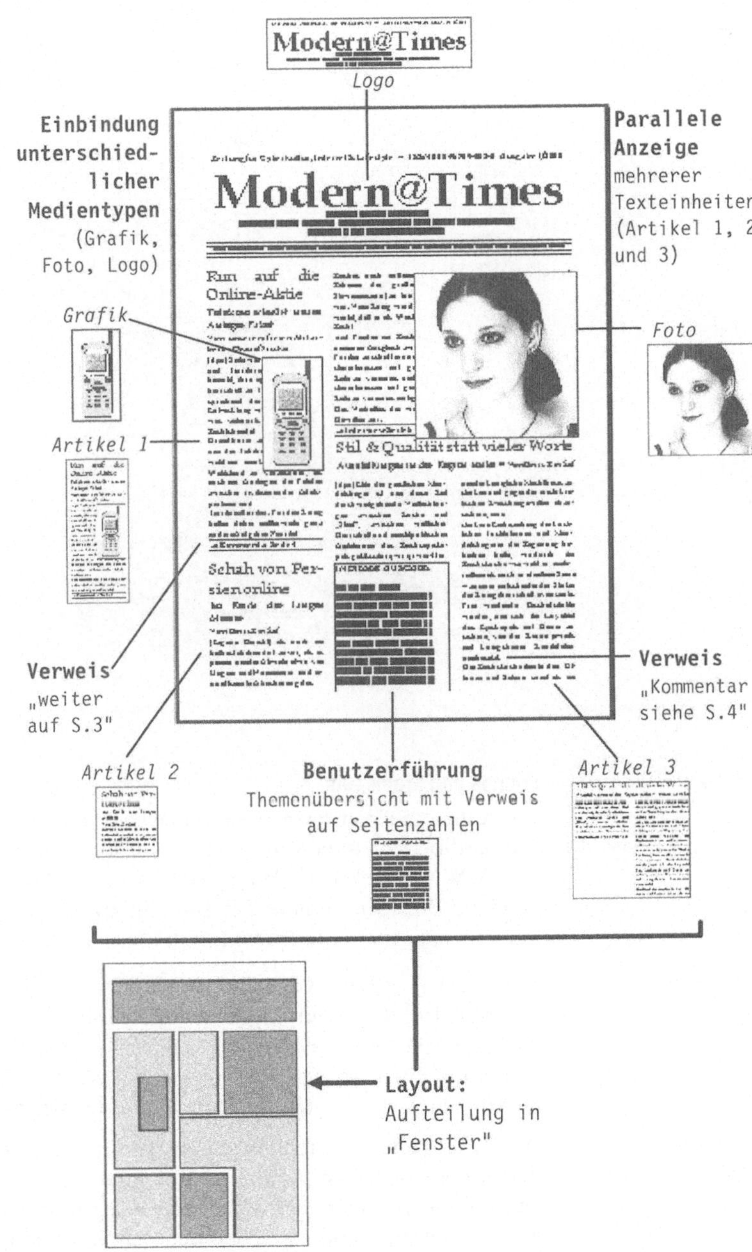

Bild 4.20: Fenstertechnik – Die WINDOWS-Benutzeroberfläche

4.3.6.1 Frames und Framesets

Die Aufnahme von *Frames* als offizielle Elemente in den HTML-Standard bedeutete eine wichtige Innovation für die Präsentation von WWW-Angeboten. Mittlerweile werden Frames von allen neueren Browsern unterstützt und interpretiert (NETSCAPE aber Version 2.0, MICROSOFT INTERNET EXPLORER ab Version 3.0).

Was ist ein *Frame*?

Unter einem *Frame* versteht man einen wohldefinierten Bildschirmsektor, der als ein Anzeigefenster fungiert, in welchem jeweils eine Datei/ein Dokument aufgerufen und dargestellt werden kann. Einer Anzeige wie in Bild 4.17 liegt beispielsweise eine Aufteilung des Browserfensters in drei Frames zugrunde.

Was leistet ein *Frameset*?

Da die gesamte Darstellung eines Hypertextes von der Anzahl und Größe der vom Autor gewünschten Frames abhängig ist, muss dem Browser die entsprechende Information gegeben werden, *bevor* irgend ein Dokument zur Anzeige gebracht wird.

Aus diesem Grunde ist die Definition der Bildschirmaufteilung grundsätzlich in einer separaten Datei niedergelegt, die als Startdatei eines Hypertextes vom Browser eingelesen wird. Diese Datei enthält das sogenannte *Frameset*, das die Frames für die Anzeige aller im Folgenden darzustellenden Dokumente festlegt und zugleich angibt, welche Dateien/Dokumente in den definierten Frames zu Anfang aufgerufen und angezeigt werden sollen.

Bild 4.21: Funktion eines Framesets

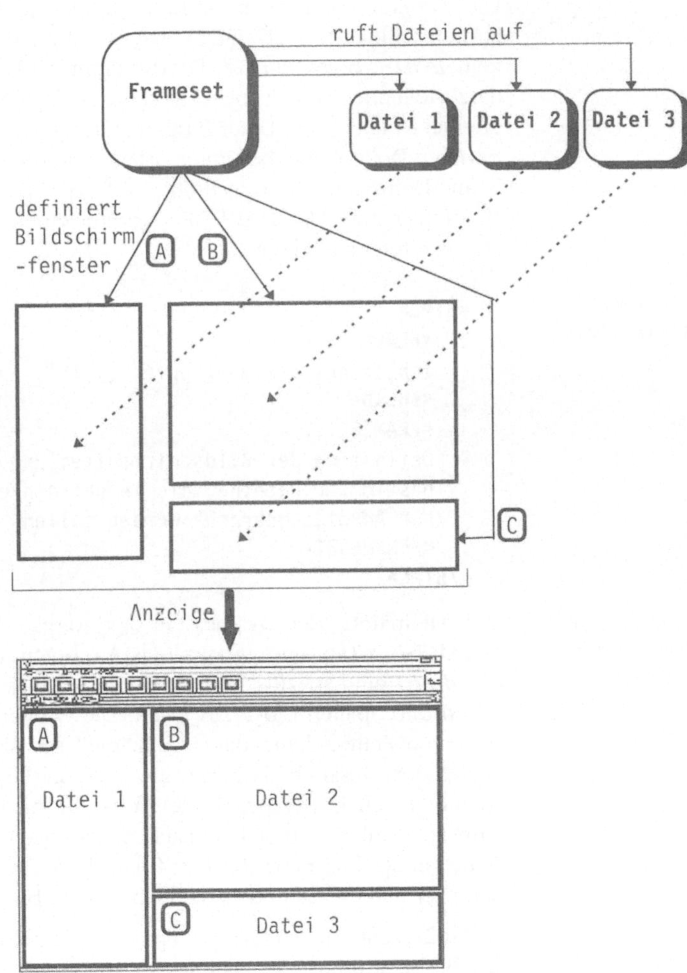

Bei einer Anzeige wie in Bild 4.21 oder Bild 4.17 sind also gleichzeitig vier Dateien geöffnet, nämlich zum einen die Frameset-Datei, die die spezifische Präsentation definiert und koordiniert, und zum anderen diejenigen Dateien, die die in den Frames A, B und C darzustellenden Dokumente beinhalten.

4.3.6.2 Die Erstellung einer Frameset-Datei

Die Struktur einer Frameset-Datei unterscheidet sich von der Struktur „üblicher" HTML-Dokumente dahingehend, dass in ihr kein *BODY* vorgesehen ist. Da die Frameset-Datei selbst keinen darzustellenden Inhalt besitzt, sondern lediglich als eine Art übergeordneter Meta-Datei fungiert, die die Anzeige der Inhalte *anderer* Dokumente bestimmt, ist ihr zentraler Bestandteil die Frame-Definition. Diese Definition erfolgt auf der Grundlage des HTML-Elements *FRAMESET*. Die Struktur einer Frameset-Datei ist also wie folgt aufgebaut:

Struktur einer Frameset-Datei

```
<HTML>
  <HEAD>
  Inhalt des Dokumentkopfes (Titel, Autor etc.)
  </HEAD>
  <FRAMESET...>
  Definition der Bildschirmaufteilung und Angabe
  bestimmter Dateien, die in den einzelnen Frames
  zur Anzeige gebracht werden sollen
  </FRAMESET>
</HTML>
```

Aufteilung des Bildschirms in Zeilen und Spalten

Die Definition der Frames erfolgt direkt im einleitenden *<FRAMESET>*-Tag, und zwar mittels Attributen, die dem Element *FRAMESET* eine spezifische Aufteilung des Bildschirms in Zeilen (*rows*) und Spalten (*cols*) zuweisen. Die Größenbestimmung der einzelnen Frames kann dabei prinzipiell sowohl prozentual zur Größe des Gesamtbildschirms als auch in Pixeln erfolgen. Es empfiehlt sich in der Regel allerdings, die prozentuale Angabeform zu wählen, um sicherzustellen, dass sich bei der Anzeige keine Leerflächen einschleichen (man denke an unterschiedliche Benutzer mit jeweils unterschiedlich großen Bildschirmen!).

Bild 4.22 zeigt ein einfaches Frameset, welches eine Aufteilung des Bildschirms in zwei Frames (in Form von zwei *rows*) definiert. Das Attribut *rows* besagt dem Browser hierbei, dass die Aufteilung in Zeilen vorgenommen werden soll, der Parameter

„80%,20%" bestimmt zwei Frames, deren erster 80% des Bildschirms und deren zweiter 20% des Bildschirms einnehmen soll. Anschließend werden anhand des Elements *FRAME* den beiden Anzeigebereichen diejenigen Dokumente zugewiesen, die darin jeweils aufgerufen werden sollen. Das Attribut *src* ('source') besagt dem Browser hierbei, dass es sich beim nachfolgenden Parameter (z.B. „Datei1.htm") um die Angabe des (verkürzten) URL einer einzulesenden Quelldatei handelt.

Bild 4.22: Aufteilung des Bildschirms in zwei *rows*

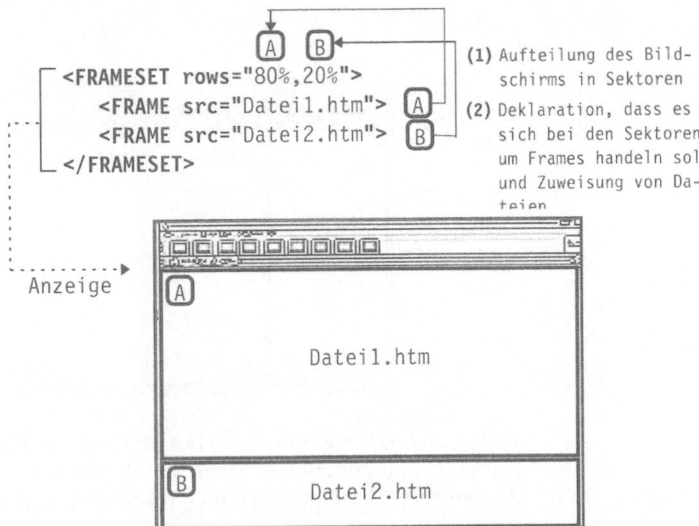

Die Reihenfolge, nach welcher den im *<FRAMESET>*-Tag definierten Sektoren vermittels *<FRAME src=...>* Dateien zugewiesen werden, entspricht grundsätzlich der Reihenfolge der Größenangaben im einleitenden Tag. Insofern ist für den Browser eindeutig, dass in obigem Beispiel „Datei1.htm" für den Frame mit 80% Größe und „Datei2.htm" für den Frame mit 20% Größe vorgesehen ist.

Bild 4.23 zeigt ein Frameset, welches dem Anzeigebildschirm eine Aufteilung in drei Spalten (*cols*) zugrunde legt.

Grundsätzlich beginnt jede Bildschirmaufteilung zunächst mit einer Unterteilung in Zeilen *oder* in Spalten. Wenn Sie komplexere Aufteilungen vornehmen möchten, müssen Sie in das erste Frameset ein zweites (untergeordnetes) Frameset einschließen, das einen Frame, anstatt ihm eine Datei zuzuweisen, noch einmal weiter unterteilt. Hierzu wird in derjenigen Zeile des HTML-

Codes, in welcher eigentlich das entsprechende *<FRAME src=...>*-Tag zu erwarten wäre, ein weiteres Frameset eingefügt.

Bild 4.23: Aufteilung des Bildschirms in drei *cols*

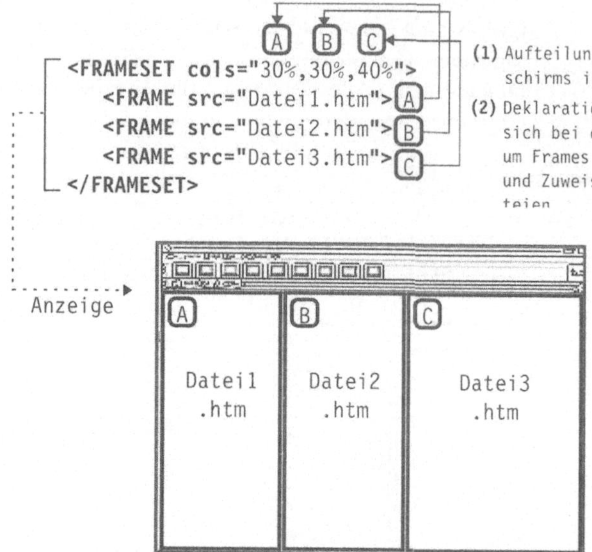

Bild 4.24 zeigt, wie ein einfaches Frameset (mit zwei definierten *rows*) in ein komplexes Frameset überführt werden kann, das den zweiten der beiden Frames noch einmal in zwei *cols* unterteilt.

Framesets verschachteln

Ähnlich wie Tabellen (vgl. Kap. 3.2.5.3) lassen sich Framesets – je nach der Komplexität der gewünschten Bildschirmaufteilung – beliebig verschachteln. Allerdings ist bei komplexen Framedefinitionen stets darauf zu achten, dass jedes Frameset, das neu eröffnet wird, auch an der jeweils dafür vorgesehenen Stelle des Quellcodes wieder mit einem abschließenden Tag *</FRAMESET>* endet. Ansonsten kann es zu unerfreulichen Anzeigeergebnissen kommen, die nicht im Sinne des Autors liegen. Wird innerhalb des Quellcodes einer Frameset-Datei ein untergeordnetes Frameset beendet, so tritt automatisch wieder das jeweils übergeordnete Frameset in Kraft, sofern dieses im einleitenden Tag *<FRAMESET...>* Sektoren enthält, denen noch Dateien zuzuweisen sind. Ist mit dem Abschluss des untergeordneten Framesets auch der letzte Sektor des übergeordneten Framesets bestimmt, so kann anschließend auch – wie etwa in Bild 4.24 – das übergeordnete Frameset durch *</FRAMESET>* abgeschlossen werden.

Bild 4.24: Überführung eines *einfachen* Framesets in ein *komplexes* Frameset

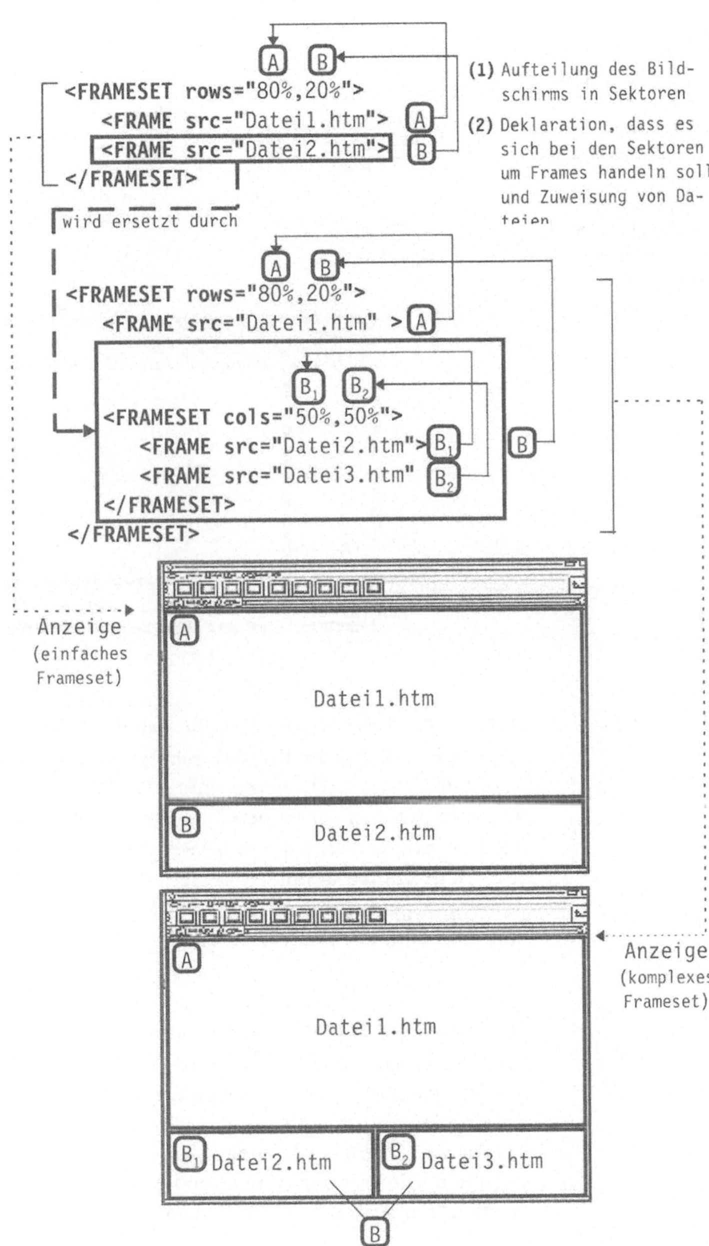

Um eine Bildschirmaufteilung wie in unserem Eingangsbeispiel (Bild 4.17/4.18) zu erzielen, müssten Sie folgenden Code in Ihre Frameset-Datei schreiben:

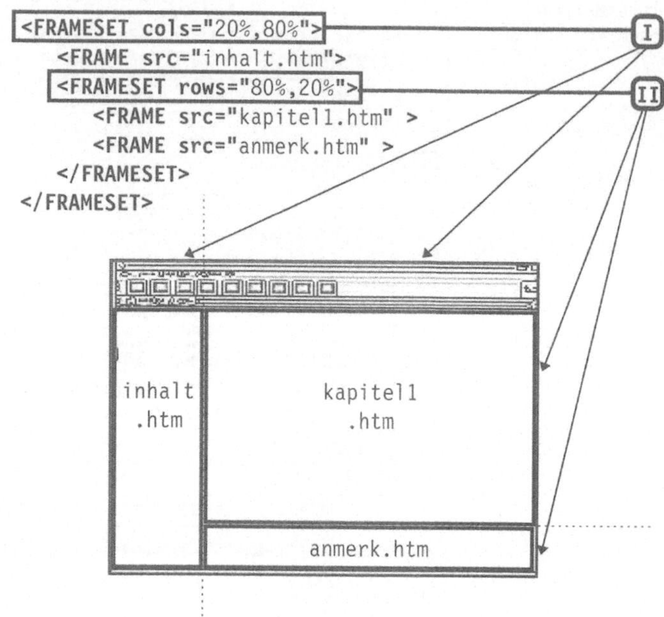

Bild 4.25: Bildschirmaufteilung mit Frames für Inhaltsübersicht, Text und Anmerkungsapparat; *Aufteilungsprinzip:* Aufteilung I → 2 Spalten, Aufteilung II → 2 Zeilen.

URL von WWW-Angeboten mit Frames

Achten Sie bitte darauf, dass die Datei, die das Frameset enthält, von einem Benutzer Ihres Hypertextes immer als erste aufgerufen wird. Die Dokumente Ihres WWW-Angebots können nur dann in der von Ihnen gewünschten Bildschirmaufteilung dargestellt werden, wenn der Browser über ein Frameset verfügt, in welchem selbige definiert ist. Geben Sie einem Benutzer, den Sie auf Ihr Angebot aufmerksam machen möchten, also grundsätzlich den URL der Frameset-Datei als „Adresse" an.

4.3.6.3 Verknüpfungen zwischen Frame-Inhalten

Um die Inhalte einzelner Fenster mit einander verknüpfen und die Möglichkeiten der Präsentation mit Framesets effektiv nutzen zu können, ist es notwendig, beim Anlegen von Verweisen zwischen verschiedenen Frames das „Zielfenster" zu definieren, in welchem ein bei der Aktivierung eines Links aufzurufendes Dokument zur Anzeige gebracht werden soll.

Aktiviert ein Benutzer einen Link in einer Datei 1, die im Frame A eines aufgeteilten Anzeigebildschirms dargestellt wird, so wird die mit diesem Link referenzierte Datei 3 anschließend ebenfalls im Frame A aufgerufen und angezeigt (ersetzende Anzeige):

Bild 4.26: Ersetzende Anzeige in einem Frameset

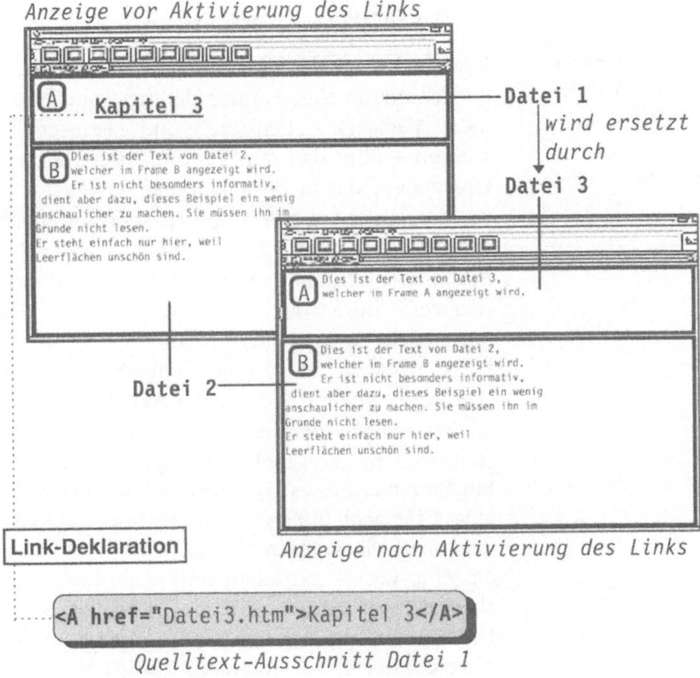

Möchte man allerdings, dass die mit einem Link referenzierte Datei in einem anderen Frame aufgerufen wird, so muss für den interpretierenden Browser aus der Link-Deklaration hervorgehen, welches der definierten Frames als Anzeigefenster dafür vorgesehen ist. Das entsprechende Frame muss also in der Link-Deklaration eindeutig benannt werden können. Um dies zu ermöglichen, müssen in der Frameset-Datei über ein Attribut *name* den einzelnen Frames Namen zugewiesen werden:

Zuweisung von Namen zu einzelnen Frames

```
<FRAMESET cols="80%,20%">
   <FRAME src="Datei1.htm" name="Fenster1">
   <FRAME src="Datei2.htm" name="Fenster2">
</FRAMESET>
```

Angabe des „Zielfensters“ innerhalb der Link-Deklaration

Diese Frame-Namen können anschließend in allen Dokumenten, die unter den Maßgaben des jeweiligen Framesets zur Anzeige gebracht werden, zur Benennung des „Zielfensters“ verwendet werden, und zwar anhand des Attributs *target*, welches der Link-Deklaration hinzugefügt wird:

```
<A href="Datei3.htm" target="Fenster2">Kapitel 3</A>
```

Framebasierte Hypertext-Konzepte – Beispiel I

Bild 4.27 zeigt ein Frameset, das eine Aufteilung des Anzeigebildschirms in drei Frames definiert und diesen Frames die Namen „Fenster1“, „Fenster2“ und „Fenster3“ zuweist. Zugleich werden – über das Attribut *src* – drei Dateien bzw. Dokumente angegeben, die in diesen Frames jeweils zu Anfang aufgerufen und dargestellt werden sollen: „Fenster1“ zeigt ein Dokument, das ein Inhaltsverzeichnis enthält, „Fenster2“ zeigt den Titel der Arbeit, die im Rahmen des Hypertextes präsentiert wird, und „Fenster3“ bringt das Vorwort zur Anzeige. Da die Gliederungspunkte, die in der Datei „inhalt.htm“, die in „Fenster1“ angezeigt wird, sämtlich als Links definiert sind, die als *target* auf „Fenster3“ zielen, wird bei der Aktivierung jedes dieser Links die jeweils damit referenzierte Datei (im Beispiel das jeweilige „Kapitel“) in „Fenster3“ aufgerufen und zur Anzeige gebracht. Ein Benutzer dieses Hypertextes hat somit stets – im „Fenster1“ – eine Übersicht über Gliederung und Struktur der gesamten Arbeit im Blick, während er gleichzeitig – im „Fenster3“ – jeweils einzelne Kapitel einsehen und lesen kann. Die Abfolge, in welcher er diese einzelnen Kapitel liest, kann er selbst bestimmen. Unabhängig von seinem Leseverlauf ist – durch die permanente Anzeige der Datei „titel.htm“ im „Fenster2“ – stets das Globalthema der Arbeit als eine Art „Überschrift“ über das jeweils in „Fenster3“ aufgerufene Kapitel gestellt.

Framebasierte Hypertext-Konzepte – Beispiel II

Bild 4.28 zeigt ein weiteres Beispiel, bei welchem sämtliche Anmerkungen (bzw. die Fußnoten der zugrunde liegenden Print-Version) in ein separates Dokument ausgelagert und mit Ankern versehen wurden. Dieses Dokument wird in „Fenster3“ angezeigt. Bei der Aktivierung einer der als Links definierten Anmerkungsziffern im Text, der im „Fenster2“ angezeigt ist, wird im „Fenster3“ jeweils derjenige Anker aufgerufen, der den zugehörigen Anmerkungstext einleitet. Somit hat der Benutzer die Möglichkeit, jeweils parallel zum Lesen eines Kapitels die zugehörigen Anmerkungen einzusehen. In „Fenster1“ ist zudem wiederum permanent ein Inhaltsverzeichnis angezeigt, das den selektiven Zugriff auf die einzelnen Kapitel der Arbeit erlaubt.

Bild 4.27: Fensternamen und Verknüpfungen zwischen Frame-Inhalten

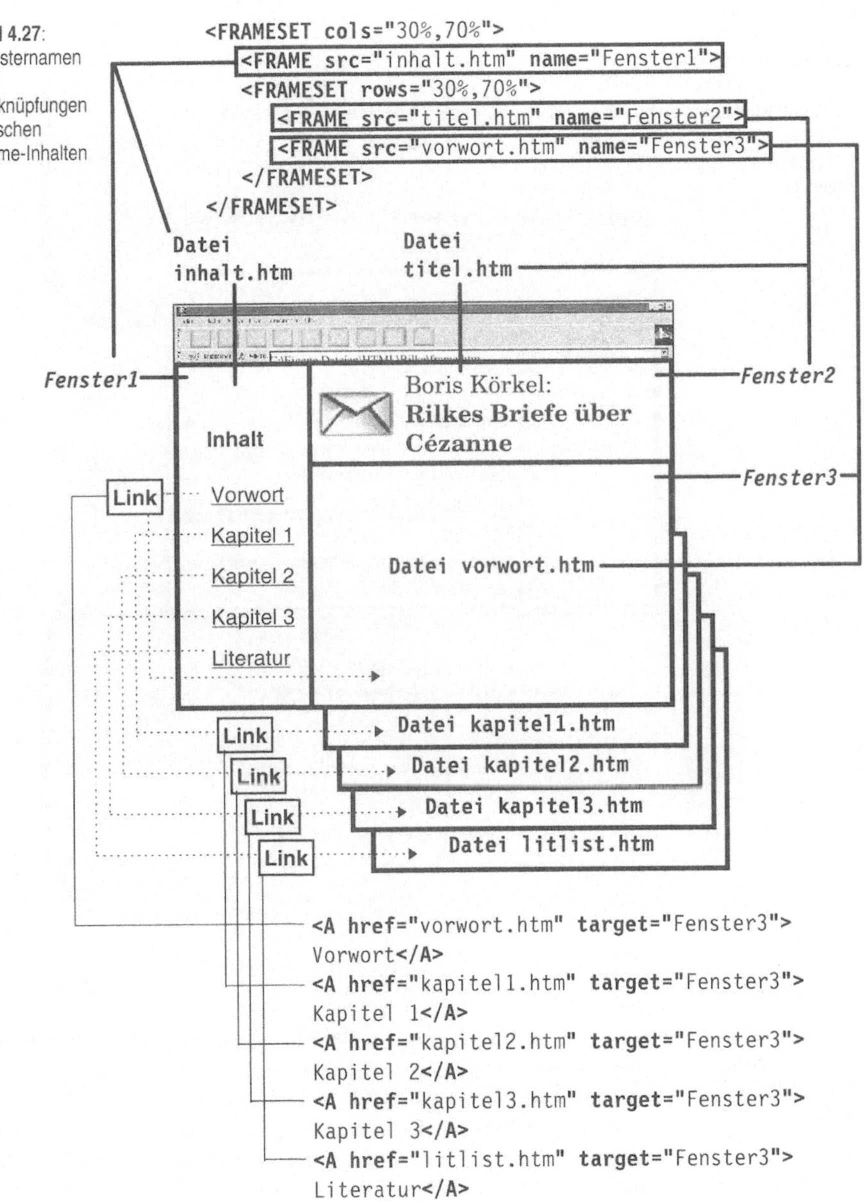

Bild 4.28: Hypertext-Version einer wissenschaftlichen Arbeit, bei welcher die Anmerkungen in ein separates Dokument ausgelagert wurden, für dessen Anzeige ein eigener Frame definiert ist

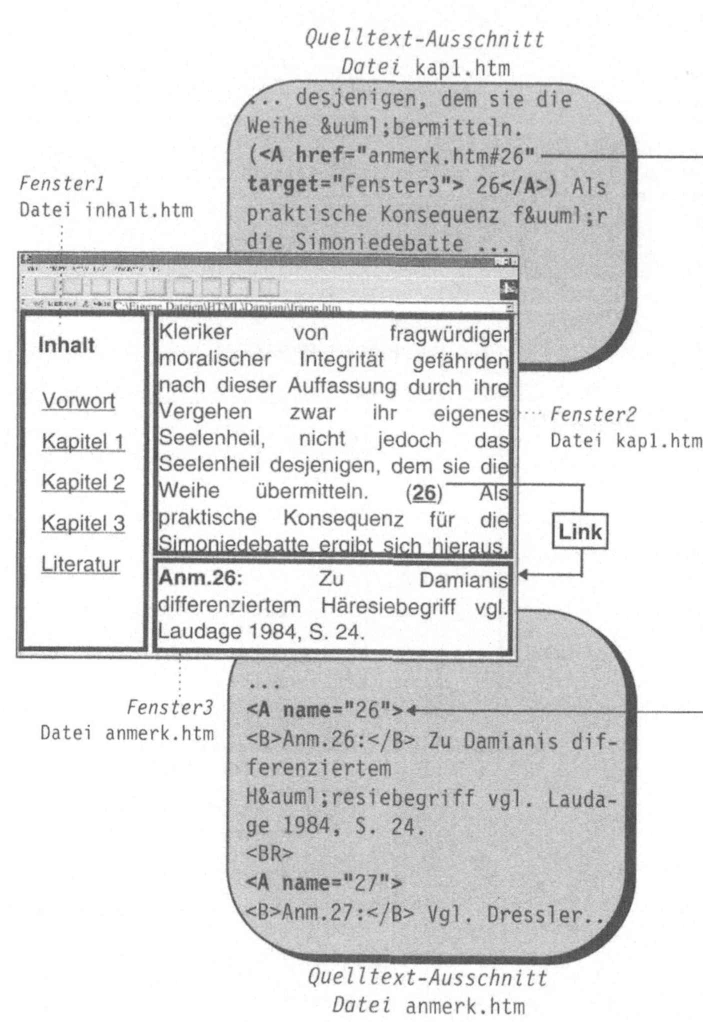

Kombination von ersetzender und framebasierter (paralleler) Anzeige

Ein Hypertext-Angebot muss nicht unbedingt mit einer Frameset-Datei beginnen. Sie können sich ebenso gut dafür entscheiden, der framebasierten Anzeige des thematischen Teils Ihres Angebots einige einleitende Dokumente voranzustellen, die nach dem Prinzip der ersetzenden Anzeige organisiert sind. In diesem Fall wird die Frameset-Datei an einer bestimmten Stelle Ihres Angebots „zwischengeschaltet“, beispielsweise, indem sämtliche Links, die von den einleitenden Dokumenten zum thematischen Teil Ihrer Arbeit führen sollen, als Verweisziel die Adresse dieser Datei tragen. Erst ab dem Aufruf der Frameset-Datei wird Ihr Angebot dann in mehreren Fenstern dargestellt. In solch einem Fall ist die „Adresse“ Ihres Angebots natürlich *nicht* der URL der Frameset-Datei, sondern der URL derjenigen Seite, welche ein potentieller Benutzer als erste „besuchen“ soll (die sogenannte Startseite, vgl. Kap. 4.3.7). Der Übergang von der ersetzenden zur framebasierten Anzeige erfolgt dann erst, wenn der Benutzer einen bestimmten Link aktiviert, der zum URL der Frameset-Datei führt.

Die Gültigkeit von Framesets außer Kraft setzen

Sofern Sie nur Teile Ihres Angebots anhand von Frames präsentieren wollen, sollten Sie jedoch darauf achten, dass Sie immer dann, wenn aus einem Frame auf ein Dokument verwiesen wird, welches *ohne* Frames angezeigt werden soll, die in der Frameset-Datei definierte Fensteraufteilung wieder außer Kraft setzen. Hierzu weisen Sie dem Attribut *target* in der jeweiligen Link-Deklaration anstatt eines Framenamens den Parameter „_top“ zu. „_top“ bewirkt bei Aktivierung des Links eine Aufhebung der Fensteraufteilung. Das in der Link-Deklaration referenzierte Dokument (*<A href="URL"...>*) wird somit anschließend auf dem Vollbildschirm zur Anzeige gebracht, während sämtliche der zuvor in den verschiedenen Frames angezeigten anderen Dokumente verschwinden:

Bild 4.29: Aufhebung eines Framesets mit *target="_top"*

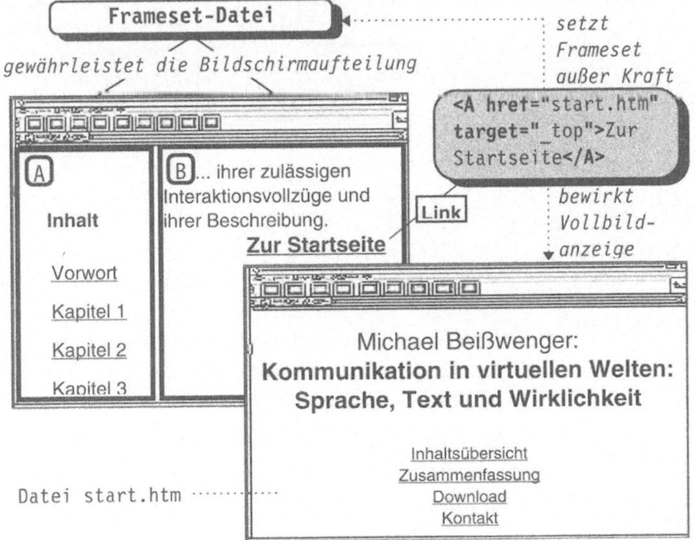

4.3.7 Die Konzeption einer Startseite

Wichtig für eine optimale Benutzbarkeit Ihres Hypertext-Angebots ist eine gut konzipierte Startseite. Für einen Benutzer, der Ihre Arbeit zum erstenmal besucht, ist diese Seite so etwas wie der „Repräsentant" des sich dahinter verbergenden Informationsangebots. Daher sollte die Startseite idealerweise zweierlei Funktion erfüllen: Zum einen sollte sie attraktiv genug gestaltet sein, um das Interesse potentieller Besucher zu wecken, zum anderen sollte sie eine kompakte (nicht allzu komplexe!) Übersicht über Struktur und Inhalt der damit zusammenhängenden Dokumente bieten.

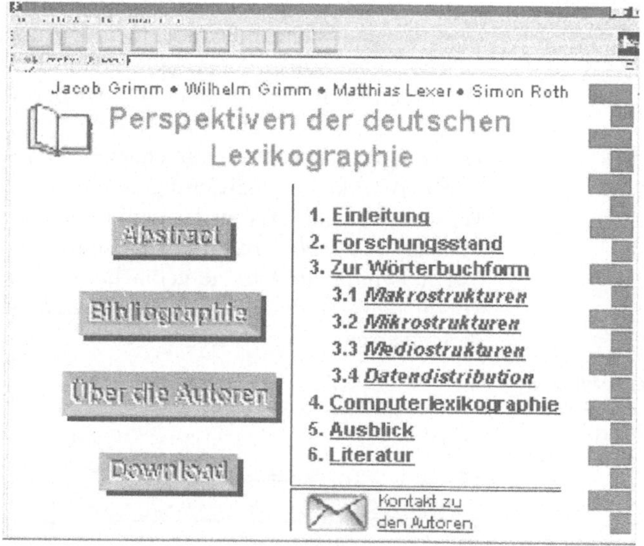

Bild 4.30: Startseite eines Hypertext-Angebots, bei deren Gestaltung versucht wurde, den unterschiedlichen Bedürfnissen verschiedener Benutzertypen Rechnung zu tragen

Zielgruppe sowie mögliche weitere Benutzergruppen und -typen berücksichtigen

Bei der Konzeption und Gestaltung einer Startseite sollten Sie sich stets verschiedene mögliche Benutzergruppen und -typen vergegenwärtigen und versuchen, deren jeweils unterschiedliche Interessen und Bedürfnisse zu berücksichtigen. Am Besten stellen Sie sich hierzu einige Leitfragen, die beispielsweise wie folgt lauten können:

Primäre Zielgruppe?

- Welche Personen und Personengruppen habe ich als potentielle Leser meines Angebots primär im Auge?

Interessen der Zielgruppe?

- Welche Punkte und Teile meines Angebots dürften diese Personen wohl am meisten interessieren?

Weitere Zielgruppen?

- Welche Personen und Personengruppen, die nicht zu den Erstgenannten zählen, könnten auch noch Interesse an meinem Angebot haben? Wie könnte deren spezifische Interessenlage aussehen?

Benutzertyp A: Der „Surfer"

- Wenn jemand weniger aus Interesse, sondern eher durch Zufall auf mein Angebot stößt – wie kann ich sein Interesse wecken und ihm einen informativen Überblick darüber geben, was mein Angebot beinhaltet?

Benutzertyp B: Der gezielt Suchende

- Wenn jemand gezielt nach Informationen sucht, die mit dem spezifischen Thema meines Angebots zu tun haben oder mit einem größeren Thema, in das sich mein Angebot inhaltlich einordnen lässt – wie kann ich ihn bei seiner Suche unterstützen und ihm das Auffinden möglicher relevanter Informationen erleichtern?

„Benutzerfreundlichkeit"

Da sich – je nach Art und Themenstellung eines Angebots – die möglichen Zielgruppen bisweilen nur annähernd bestimmen lassen, sollte bei der Einrichtung einer Startseite zumindest versucht werden, die zuletzt genannten Benutzertypen A und B besonders zu berücksichtigen. Als Faustregel kann hierbei gelten: *Eine Startseite ist dann „benutzerfreundlich", wenn sie nicht nur einem, sondern möglichst mehreren Benutzertypen mit ihren jeweils spezifischen Anliegen beim Zugriff auf das angebotene Informationsangebot behilflich sein kann.* Im Falle der beiden oben angeführten Benutzertypen wäre die Startseite eines Hypertext-Angebots also dann „benutzerfreundlich", wenn sie sowohl (dem „Surfer") Möglichkeiten zu einer schnellen und informativen Orientierung als auch (dem gezielt Suchenden) einen aussagefähigen Überblick über den Aufbau und die wesentlichen inhaltlichen Punkte an die Hand gibt (wie z.B. das Beispiel in Bild 4.30).

Benutzungshinweise

Bei komplexeren Hypertext-Angeboten kann es unter Umständen auch sinnvoll sein, auf der Startseite einen Link auf ein Dokument anzubieten, das die Konzeption des Angebots erläutert und Hinweise zu seiner Benutzung bietet. Ein solches erläuterndes Zusatzangebot kann insbesondere Personen, die im Umgang mit hypertextuell organisierten Online-Ressourcen noch wenig vertraut sind, einige Hilfestellungen geben, um die gewinnbringende Nutzung solcher Informationsangebote zu erlernen. Des Weiteren können darin grafische Symbole erklärt werden, die etwa zur Kennzeichnung von Hypertext-externen und Hypertext-internen Verweisen verwendet wurden.

Bild 4.31 zeigt exemplarisch, wie ein solches Dokument mit Benutzungshinweisen konzipiert und gestaltet sein kann.

Bild 4.31: Hinweise zur Benutzung eines Hypertext-Angebots (Beispiel)

Hinweise zur Benutzung dieser Seiten

Um die Benutzung der Hypertext-Version dieser Arbeit mindestens ebenso komfortabel zu machen wie die der zugrunde liegenden Print-Version, wurde bei der Hypertextualisierung entschieden, mit Frames zu arbeiten, d.h., die Benutzeroberfläche in verschiedene Fenster einzuteilen:

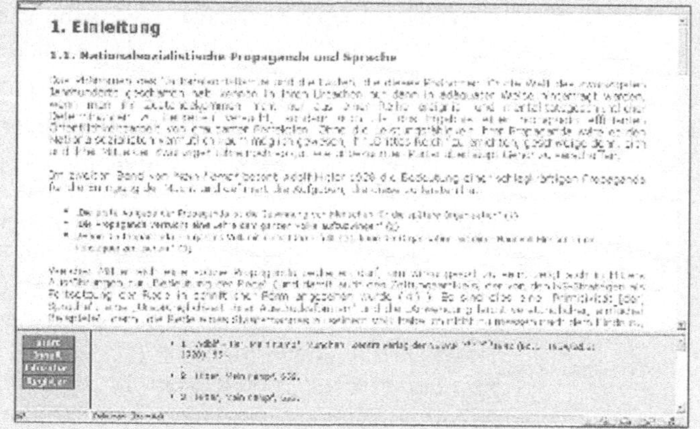

Der Inhalt des kleinen Fensters unten links auf dem Bildschirm ist unveränderlich und bietet die Möglichkeit, durch Anklicken von Buttons jeweils direkt zur **Startseite**, zum **Inhaltsverzeichnis** oder zum **Literaturverzeichnis** zu wechseln, welche(s) dann jeweils im großen Fenster angezeigt wird. Ein weiterer Button führt zum **Register**.

Bei der Lektüre der gewählten Kapitel der Arbeit wird der Text jeweils im großen Fenster (Hauptfenster) angezeigt. Die Fußnoten im Text sind farblich und durch Unterstreichung als Links ausgezeichnet. Soll eine Fußnote eingesehen werden, so ist sie mit der Maus anzuklicken, worauf hin der entsprechende Anmerkungstext im rechten unteren Fenster angezeigt wird. Somit kann der Anmerkungsapparat der Arbeit also parallel benutzt werden, ohne dabei den jeweils aufgerufenen Text verlassen zu müssen.

Betätigt man den Button **Register** durch Anklicken, so wird die Datei mit den Registereinträgen im rechten unteren Fenster geöffnet. Die Belegstellen für die Registereinträge lassen sich anklicken und der damit korrespondierende Textabschnitt der Arbeit wird dann im Hauptfenster angezeigt. Eine Leiste mit den Buchstabennamen zu Anfang der Registereinträge ermöglicht eine schnellere Auffindbarkeit des gesuchten Eintrags:

A B C D E F G H I J K L M N O P Q R S T U V W X Y Z

A

Allegorie 1
Anadiplose 1
Analogie 1 2 3
Anapher 1
Angriff 1 2
Antipodalität 1 2
Antonomasie 1
Assoziation(en) 1 2
Attributivkonstruktionen 1

B

Bergpredigt 1
Berlin 1 2 3

Die Verschlagwortung einzelner Worte zu Registereinträgen wurde vom Autor subjektiv vorgenommen: Indiziert wurden diejenigen Worte und Termini, die nach Ansicht des Autors von einem Benutzer im Text vornehmlich gesucht werden könnten. Eigennamen von Personen, Institutionen oder Organisationen sind im Register kursiv gesetzt. Von der Indizierung ausgeschlossen wurden unspezifizierte Wörter wie *Sprache* oder *Text*, sowie Wörter, die – aufgrund des gestellten Themas – im Text permanent auftauchen (z.B. *Goebbels*, *Nationalsozialismus*). Bei der Indizierung ebenfalls nicht berücksichtigt wurden Wörter, die in Zitaten auftauchen, sowie die Namen von Autoren der verwendeten Forschungsliteratur.

Zurück zur Startseite

4.4 Ein besonderer Service: Das Download-Angebot

Hypertext-Angebote abspeichern und ausdrucken

Möchte sich ein Benutzer eine Kopie oder einen Ausdruck Ihres Hypertext-Angebots erstellen, um offline damit zu arbeiten oder es auf Papier zu lesen, so bedeutet dies für ihn in der Regel einen nicht unerheblichen Aufwand und möglicherweise auch einige Probleme. Da ein Hypertext-Angebot immer aus mehreren Dateien (HTML-Dokumenten, Grafik-Dateien etc.) besteht, muss der Benutzer, um eine voll funktionsfähige Kopie des gesamten Angebots zu erhalten, nicht nur jede einzelne dieser Dateien auf einen Datenträger (Festplatte, Diskette, CD-ROM) abspeichern, sondern darüber hinaus auch beim Kopieren die Verzeichnisstruktur rekonstruieren, die der Online-Version zugrunde liegt (da ansonsten die Links zwischen den einzelnen Dateien möglicherweise nicht funktionieren). Ebenso muss er, um einen kompletten Ausdruck zu erhalten, jedes einzelne Hypertext-Modul separat aufrufen und als Auftrag an seinen Drucker schicken.

Falls Sie nicht möchten, dass Ihr Hypertext-Angebot problemlos und als Ganzes ausgedruckt oder auf jeden beliebigen Benutzerrechner kopiert werden kann, dann dürften Sie über die damit verbundenen Schwierigkeiten vermutlich erfreut sein. Wenn Sie Ihren potentiellen Lesern allerdings die Möglichkeit offerieren wollen, Ihr Angebot auch in einer zusammenhängenden, druckfähigen Textversion und/oder als offline benutzbaren Hypertext zu erhalten, so sollten Sie auf Ihren WWW-Seiten als zusätzliche Möglichkeit einen so genannten „Download" anbieten.

Art und Format der Download-Version eines WWW-Angebots hängen jeweils davon ab, was Sie Ihrem Leser damit zusätzlich ermöglichen wollen:

Hypertext im ZIP-Format

- Wenn Ihr Leser die Möglichkeit erhalten soll, den Hypertext auch offline in einer Version zu benutzen, die mit der Online-Version identisch ist (beispielsweise, um mit der Internetnutzung verbundene Telefon- und Online-Gebühren zu sparen), dann sollten Sie sich für ein Download-Angebot des kompletten Hypertextes im ZIP-Format entscheiden.

TXT-, DOC- oder PDF-Version

- Wenn Ihr Leser die Möglichkeit erhalten soll, über den kompletten Inhalt Ihres WWW-Angebots in Form eines zusammenhängenden (linear präsentierten) Textes zu verfügen (beispielsweise, um ihn auszudrucken), dann sollten Sie eine Datei im TXT-, DOC- oder PDF-Format erstellen, die den Inhalt sämtlicher Module der Hypertext-Version umfasst und diese als Download anbieten.

Komprimierung eines kompletten Hypertextes mit WINZIP

Die Erstellung einer downloadbaren ZIP-Datei Ihres kompletten Hypertext-Angebots können Sie mit dem Programm WINZIP vornehmen, das es ermöglicht, nicht nur Einzeldateien, sondern auch ganze Verzeichnisse einschließlich ihrer Unterverzeichnisse unter Beibehaltung der Struktur zu komprimieren. Als Ergebnis erhalten Sie eine relativ kompakte Datei im ZIP-Format (eine so genannte „Archiv-Datei"). Wird diese Datei von einem Benutzer nach dem erfolgreichen Download wieder – ebenfalls mit WINZIP – „entpackt", so verfügt er anschließend über sämtliche Dateien, die zu Ihrem Hypertext gehören, angeordnet in der originären Verzeichnisstruktur. Probe-Versionen des WINZIP-Programms können aus dem WWW bezogen, kostenlos getestet und dann erworben werden.

Download im TXT- oder DOC-Format

Um eine TXT- oder DOC-Datei zum Download anzubieten, genügt es, wenn Sie die entsprechende Datei, die Sie in einem Texteditor oder in WORD FÜR WINDOWS erstellt haben, im Netz bereitstellen. Bei größeren WORD-Dateien bietet es sich an, diese ebenfalls mit WINZIP zu komprimieren, um die für den Download benötigte Zeit zu verringern.

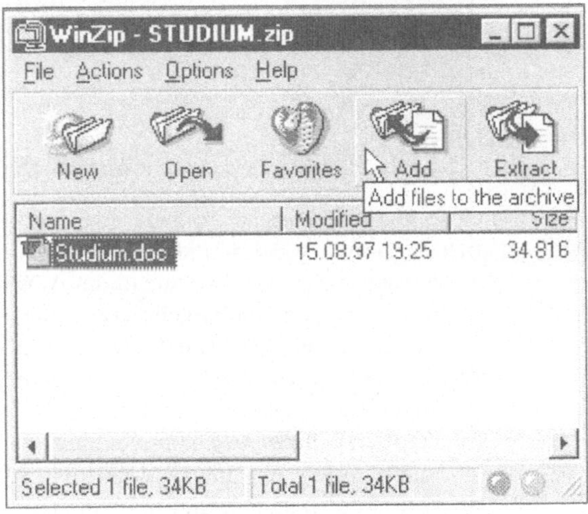

Bild 4.32: Komprimierung einer DOC-Datei mit WINZIP

Probleme mit DOC-Dateien bei der Anzeige auf verschiedenen Rechnern

Bei DOC-Dateien gibt es allerdings erfahrungsgemäß nicht selten Probleme bei der Anzeige und beim Ausdruck auf unterschiedlichen Rechnern (was verschiedenerlei Gründe hat und wogegen man eigentlich nicht besonders viel tun kann): Zeilen- und Seitenumbrüche und vor allem Zeichnungsobjekte werden im WORD-Programm eines Benutzers meist anders dargestellt als im

WORD-Programm auf dem Rechner des Autors. Daher empfiehlt es sich – gerade bei Dokumenten, die eine Vielzahl an Formatierungen und v.a. Zeichnungsobjekte enthalten –, nach Möglichkeit auf andere Dateiformate auszuweichen, bei denen eine identische Anzeige auf unterschiedlichen Rechnern als weitgehend gewährleistet angesehen werden kann. Ein solches Format ist das von der Firma ADOBE entwickelte *Portable Data Format* (PDF).

Bild 4.33: Anzeige eines PDF-Dokuments mit ACROBAT

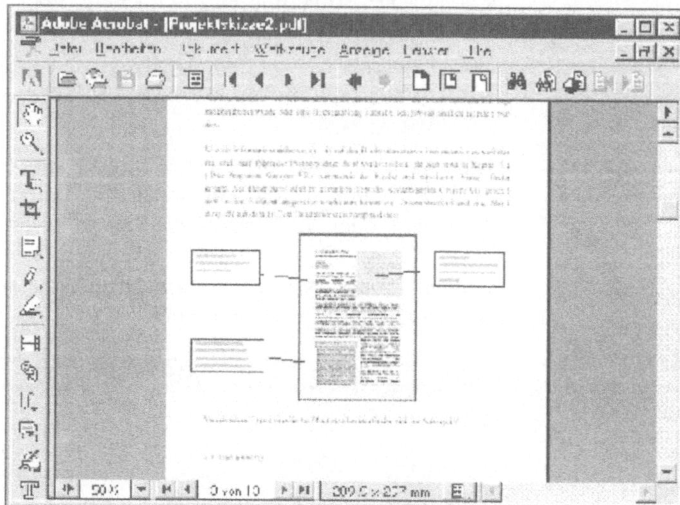

Die Alternative: PDF-Dateien für ACROBAT READER

Dateien im PDF-Format können mit der Software ACROBAT READER dargestellt werden, die von ADOBE lizenzfrei abgegeben wird (beispielsweise als Download im WWW). Einige neuere Browser unterstützen mittlerweile sogar die Anzeige von PDF-Dateien über ein Plug-In. Die Software, die man benötigt, um PDF-Dateien selbst zu erstellen bzw. andere Dateiformate (z.B. DOC-Dateien) zu PDF zu konvertieren, muss man allerdings kaufen. Ob sich diese Anschaffung lohnt, sollte man als Autor danach entscheiden, ob einen die mit dem PDF-Format verbundenen Vorteile überzeugen und ob man auch weiterhin des öfteren Gebrauch von der damit gegebenen Möglichkeit einer relativ einheitlichen Formatierung von Dokumenten machen möchte. (Prinzipiell gilt vor jeder Anschaffung von Software: Erst beraten lassen, testen, sich ein Bild machen – dann eine eventuelle Kaufentscheidung treffen).

Virtuelle Drucker – Konvertierung von Dokumenten zu PDF

Mit der Installation der ACROBAT-Software werden mehrere Komponenten auf Ihrem System verfügbar. Unter anderem werden zwei virtuelle Drucker hinzugefügt, mittels derer Sie Dokumente aus anderen Anwendungen zu PDF umwandeln können. Diese beiden Drucker – der ACROBAT DISTILLER und der ACROBAT WRITER – sind insofern „virtuell", als sie Dokumente nicht auf Papier ausdrucken, sondern in Dateien konvertieren, die dem PDF-Standard entsprechen. Diese können dann anschließend im ACROBAT READER betrachtet und aus diesem heraus auf einem konventionellen Laser- oder Tintenstrahldrucker ausgedruckt werden. Die Konvertierung einer Datei zu PDF ist relativ einfach: In der Regel brauchen Sie in der jeweiligen Anwendung lediglich die Option „Drucken" auswählen und den ACROBAT DISTILLER oder ACROBAT WRITER als Drucker zu definieren. Nach Bestätigung des Druckauftrags wird anschließend automatisch die gewünschte PDF-Datei erstellt.

Bild 4.34: Auswahl eines virtuellen ACROBAT-Druckers im Druckmenü von WORD FÜR WINDOWS

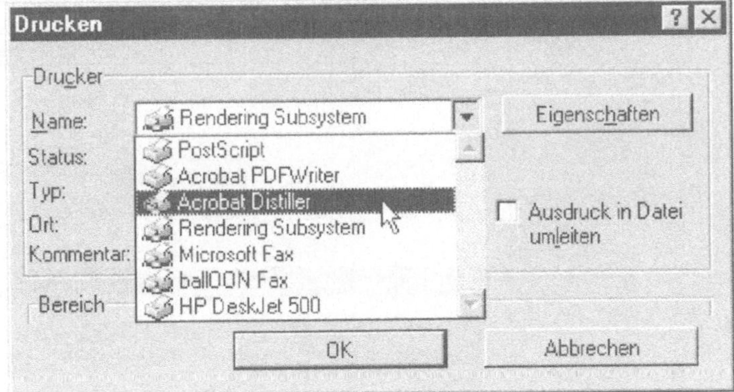

Auch in Hinblick auf die Dateigrößen ist das PDF-Format recht attraktiv: Bei der Konvertierung beispielsweise einer in WORD FÜR WINDOWS bearbeiteten Datei ist die daraus erstellte PDF-Version um bis zu 75% kleiner als das Original. Wer bereits des öfteren Dateien aus dem Internet herunter geladen hat, weiß diesen Vorteil zu schätzen.

Einbindung einer Download-Datei in ein HTML-Dokument

Die Einbindung einer für den Download vorgesehenen Datei in ein Online-Angebot erfolgt als ein Verweis auf diese Datei in Form einer Link-Deklaration.

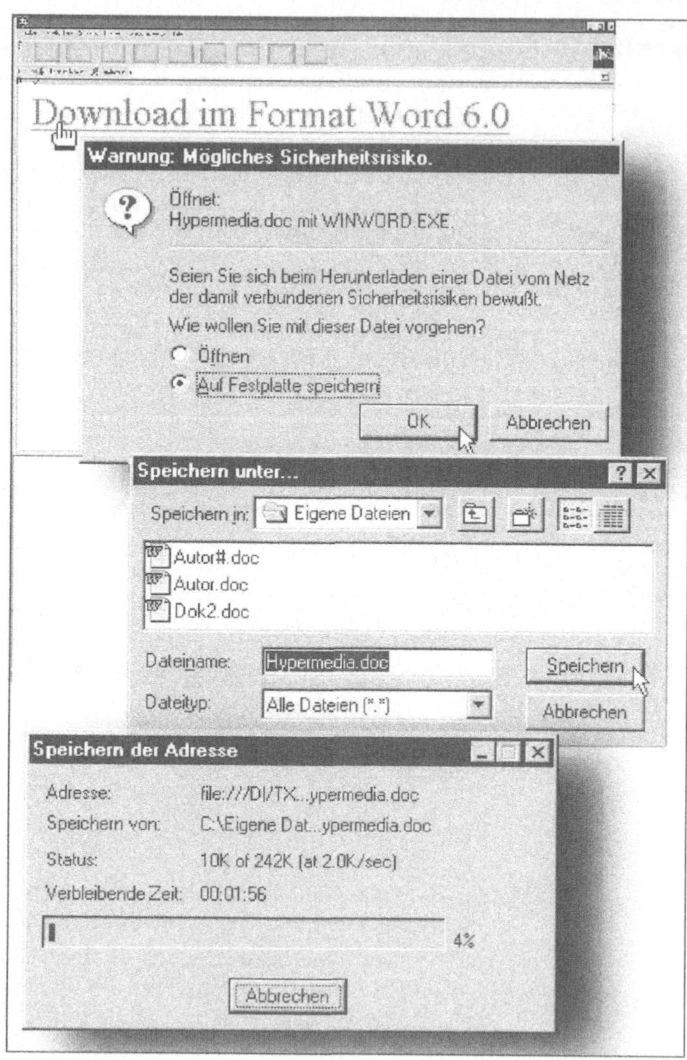

Bild 4.35: Download einer DOC-Datei über Betätigung eines Links (hier im NETSCAPE COMMUNICATOR)

Sofern ein Browser einen Dateityp, der innerhalb der Verweiszielangabe einer Link-Deklaration referenziert ist, nicht darstellen kann, fragt er beim Benutzer nach, wie mit der betreffenden Datei verfahren werden soll. Optional kann die Datei entweder in einem externen Programm (z.B. WORD FÜR WINDOWS) geöffnet und zur Anzeige gebracht oder aber die Möglichkeit „Auf Festplatte speichern“ ausgewählt werden. In zweiterem Fall ist dann ein lokales Verzeichnis anzugeben, in welchem die Datei abgelegt werden soll. Anschließend wird die Datei in dieses Verzeichnis übertragen.

Anlegen eines Downloads in HTML

Somit erfordert das Anlegen einer Download-Möglichkeit in einem HTML-Dokument also lediglich eine einzige Anweisungszeile, die – unabhängig vom Typ der betreffenden Datei – immer gleich aufgebaut ist:

```
<A href="[URL der Datei]">Download im Format...</A>
```

Beispiel:

```
<A href="Hypermedia.doc">Download im Format Word 6.0</A>
```

Voraussetzung dafür, dass der Download auch funktioniert, ist natürlich, dass die Datei im WWW verfügbar ist. Sofern sie sich im selben Verzeichnis befindet wie das HTML-Dokument, aus welchem auf sie verwiesen wird, genügt – wie in obigem Beispiel – die Angabe eines verkürzten URL.

5

Going online...

Wie komme ich an einen „Stellplatz" in der „digitalen Bibliothek"?

Nachdem Sie Ihre eigene Homepage, die Dokumentation Ihres Forschungsprojekts oder die Hypertext-Version Ihrer wissenschaftlichen Arbeit so aufbereitet und gestaltet haben, dass sie in einem Browser dargestellt und sinnvoll benutzt werden kann, möchten Sie nun sicherlich abschließend noch erfahren, wie die zugehörigen Dateien – die ja bisher lediglich auf dem lokalen System Ihres Rechners verfügbar sind – dahin gelangen, wo Sie sie gerne sehen möchten, nämlich an einen „Stellplatz" in der „digitalen Bibliothek", von wo aus sie dann unter einer eindeutigen Ressourcenbeschreibung (URL) weltweit angefordert werden können.

Um Ihr Angebot „ins Netz zu stellen", benötigen Sie zunächst einmal zwei Dinge:

Host – Provider – Benutzeraccount

- *Ein Benutzerprofil auf dem Host eines Providers.* – Als *Host* bezeichnet man ganz allgemein einen Rechner, der an das Internet angeschlossen ist und über ein Serverprogramm die Abfrage bestimmter Daten ermöglicht. Ein *Provider* ist ein Dienstleister, der einen solchen Host auch anderen Benutzern zur Verfügung stellt und diesen die Möglichkeit bietet, mittels eines Benutzernamens und eines Passworts einen bestimmten Speicherbereich dieses Rechners nach eigenen Wünschen zu konfigurieren und mit Daten zu bestücken. Benutzername und Passwort erlauben also den Zugriff auf einen so genannten „Benutzeraccount", für den auf dem Host ein bestimmter Speicherplatz zur Verfügung steht und in dem u.a. Dateien deponiert werden können, die unter der Adresse des Hosts im WWW angeboten werden sollen. Speicherplatz für WWW-Angebote bezeichnet man auch als *Webspace.*

Webspace

Webspace-Provider

Sofern Sie Student oder Hochschulangehöriger sind, können Sie sich, um einen solchen Benutzeraccount zu erhalten, direkt an das Rechenzentrum Ihrer Hochschule wenden. In der Regel bieten sämtliche Universitäten Providerdienstleistungen an, die von Studenten und Angestellten kostenlos genutzt werden können. Daneben gibt es im WWW natürlich auch noch jede Menge kommerzieller Provider. Bevor

Sie sich für die Anmeldung bei einem solchen entscheiden, sollten Sie zunächst einmal die Dienstleistungsangebote mehrerer Anbieter vergleichen, da hier bisweilen erhebliche Unterschiede im Preis-Leistungsverhältnis bestehen. Manche kommerzielle Provider stellen Webspace sogar kostenlos zur Verfügung (z.B. FORTUNECITY, SPACEPORTS oder GEOCITIES) – allerdings müssen Sie dann in der Regel damit rechnen, bei der Anzeige Ihrer Dokumente unerwünschte Werbeeinblendungen zu bekommen.

FTP

- *Ein FTP-Programm.* – *FTP* („File Transfer Protocol") bezeichnet einen Standard für die Übertragung von Dateien via Internet. Um diesen Standard zu nutzen, gibt es spezielle Programme, anhand derer von einem beliebigen Rechner aus Dateien auf einen anderen Rechner im Internet kopiert werden können. Wenn Sie also von zu Hause aus Ihre selbst erstellten Online-Angebote auf den Host Ihres Webspace-Providers übermitteln möchten, müssen Sie den entsprechenden Rechner per FTP ansprechen und sich in Ihren Account „einloggen", indem Sie sich über Ihren Benutzernamen und Ihr Passwort eindeutig als Zugriffsberechtigter identifizieren. Akzeptiert der angesprochene Rechner Ihr Benutzerprofil, so können Sie anschließend die gewünschten Dateien von Ihrem lokalen System in das gewünschte Verzeichnis Ihres Accounts kopieren.

  FTP-Programme für verschiedene Betriebssysteme können lizenzfrei aus dem WWW bezogen werden.

Kap. 5.1 zeigt Ihnen, wie Sie ein FTP-Programm benutzen und wie Sie via FTP auf Ihren Benutzeraccount zugreifen und diesen bearbeiten können. Kap. 5.2 beschreibt anschließend, welche Typen von Suchdiensten und Linksammlungen es im WWW gibt und weshalb es wichtig ist, das eigene Angebot nach dessen Online-Veröffentlichung dort bekannt zu machen.

5.1 Das eigene Angebot „ins Netz stellen"

Schritt 1: Eine Verbindung zum Internet herstellen

Bevor Sie Ihr FTP-Programm aufrufen, sollten Sie sich vergewissern, dass Ihr Rechner eine Verbindung zum Internet (z.B. per Modem) vollständig hergestellt hat, da ansonsten die Übermittlung der Anmeldedaten an den per FTP zu kontaktierenden Host verweigert wird.

Schritt 2: Das FTP-Programm starten

Schritt 3: Anmeldung für eine FTP-Session beim Host

Starten Sie anschließend Ihr FTP-Programm und tragen Sie die zum Kontaktieren des Hosts notwendigen Daten (Host-Adresse, Benutzername und Passwort) in die in Bild 5.1 abgebildeten Formularfelder ein. Bestätigen Sie die Korrektheit der Eingaben mit „OK". Sofern das angegebene Benutzerprofil („Login" + Passwort) vom angesprochenen Host akzeptiert wird, müssten Sie kurze Zeit später den Zugriff auf das Stammverzeichnis Ihres Benutzeraccounts bekommen (siehe Bild 5.2).

Die FTP-Adresse, welche Sie als „Host Name" eintragen müssen, erhalten Sie in der Regel mit Ihrer Anmeldung beim entsprechenden Provider, ebenso den Benutzernamen und das zugehörige Passwort.

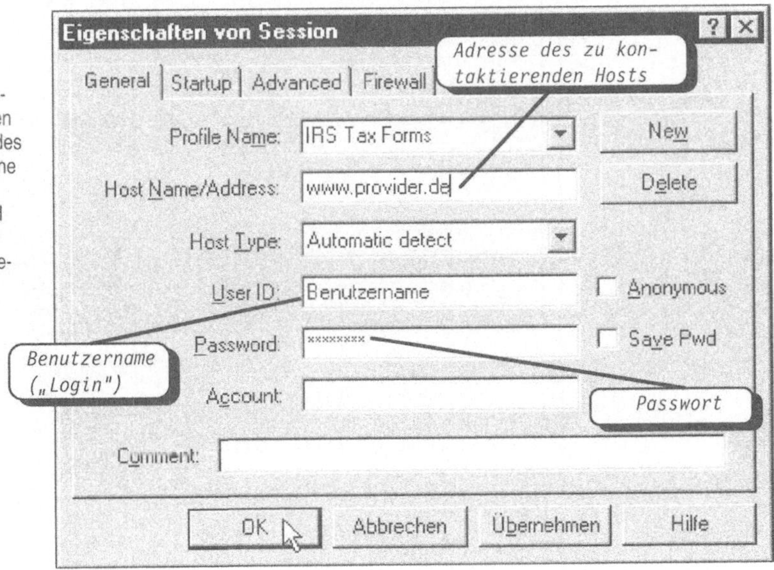

Bild 5.1: Formular zum Verbindungsaufbau per FTP – Notwendig angegeben werden müssen die Host-Adresse des Providers sowie eine Kombination aus Benutzername und Passwort, die den Zugriff auf einen bestimmten Account erlaubt

Schritt 4: Dateien auswählen und auf den Host transferieren („Upload")

Nach erfolgreichem „Einloggen" in Ihren Benutzeraccount bietet Ihnen das FTP-Programm einen Arbeitsbereich, in welchem Sie parallel die Verzeichnisse und Dateien Ihres lokalen Systems und den Inhalt Ihres Stammverzeichnisses auf dem Host angezeigt bekommen. Sie können nun – ähnlich wie im WINDOWS EXPLORER – Dateien von der Festplatte Ihres Rechners auswählen und per Mausklick an den Host abschicken. Nach erfolgreicher Übermittlung erscheint eine Kopie der Datei in dem Fenster des Arbeitsbereichs, das Ihr Stammverzeichnis auf dem Host zeigt. Je nach Belieben können Sie in diesem Stammverzeichnis auch neue Verzeichnisse anlegen sowie Dateien umbenennen oder löschen.

Bild 5.2: Transfer und Verwaltung von Dateien mit einem FTP-Programm

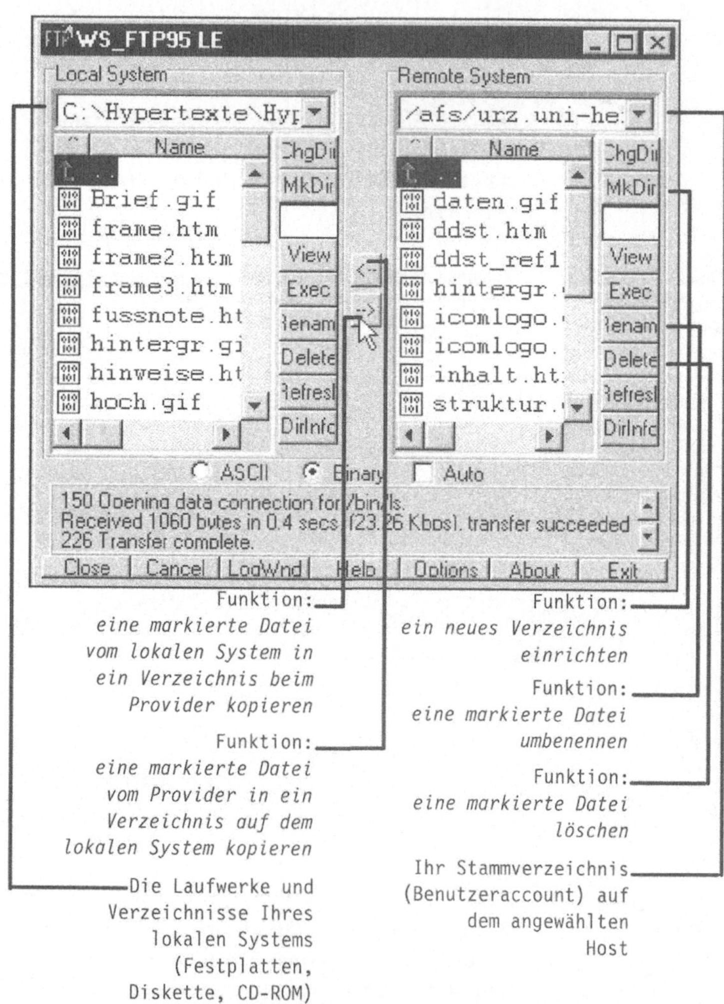

Da Sie in Ihrem Stammverzeichnis auf dem Host auch Dateien ablegen können, die *nicht* im WWW verfügbar gemacht werden sollen, verlangen die meisten Provider, im Stammverzeichnis ein bestimmtes Unterverzeichnis anzulegen, das speziell für die

WWW-Dateien vorgesehen ist. Bei kommerziellen Providern ist dieses Unterverzeichnis in der Regel bereits eingerichtet (mit Namen wie „WWW" oder „public_HTML"). Wie die Konfiguration des Benutzeraccounts von den verschiedenen Providern im Einzelnen gehandhabt wird, erfahren Sie mit Ihrer Anmeldung oder auf den jeweiligen Support-Seiten im WWW.

Der URL Ihrer Dateien

Nachdem Sie Ihre Dateien auf den Host transferiert haben, sind diese unter einem festen URL via WWW abrufbar. In der Regel setzt sich dieser URL zusammen aus der Domainadresse des Providers, dem Namen Ihres Stammverzeichnisses (plus den Namen eventueller von Ihnen eingerichteter Unterverzeichnisse) sowie dem Namen der jeweils betreffenden Datei. Entsprechende Auskünfte erhalten Sie ebenfalls von dem Anbieter, bei dem Sie Ihren Benutzeraccount beantragen.

5.2 Anmelden bei Suchdiensten & Linksammlungen

Das eigene Angebot im WWW bekannt machen

Dadurch, daß Ihre Dateien vom Provider einen festen URL zugewiesen bekommen, ist deren globale Verfügbarkeit schon einmal gesichert, da sie unter dieser „Adresse" jederzeit und von überall her angefordert werden können. Die bloße Präsenz und Verfügbarkeit Ihres Angebots im WWW bedeutet aber noch lange nicht, dass dieses Angebot von anderen Internet-Nutzern auch gefunden und besucht wird. Schließlich dürfte es höchst unwahrscheinlich sein, dass ein potentieller Interessent von alleine auf die Idee kommt, dass Ihr Angebot existiert und darüber hinaus auf wundersame Art und Weise den URL dieses Angebots einfach so errät.

Insofern ist es, um andere Internet-Nutzer auf das eigene Angebot aufmerksam zu machen, unabdingbar, an bestimmten Stellen im Netz Hinweise für dessen Existenz zu platzieren. Hierfür bieten sich zunächst einmal die zahlreichen Suchdienste an, die es sich zur Aufgabe gemacht haben, Internet-Nutzern beim Auffinden von WWW-Ressourcen behilflich zu sein.

Was ist ein Suchdienst?

Ein Suchdienst ist ein Dienstleistungsangebot im WWW, das einen Zugriff auf eine umfangreiche Datenbank bereitstellt, die Tausende bis Millionen von WWW-Angeboten nicht nur „kennt", sondern auch nach bestimmten Kriterien über eine Suchmaske recherchierbar macht. Informationssuchende können sich aus den Beständen dieser Datenbank eine Auswahl an WWW-

Angeboten zusammenstellen lassen, indem sie ihre Interessen über eine Suchanfrage deklarieren.

Bild 5.3: Ausschnitt aus der Trefferliste zur Kategorie „Volkswirtschaftslehre" beim Suchdienst WEB.DE

Das eigene Angebot bei einem Suchdienst anmelden

Suchdienste sind somit der ideale Ort im Netz, um das eigene WWW-Angebot bekannt zu machen und Informationssuchende auf die eigenen Seiten zu lenken. Jeder Anbieter eines Suchdienstes bietet auf seiner Startseite die Möglichkeit, neue Angebote zur Aufnahme in die Datenbank anzumelden. Dies geschieht von Fall zu Fall entweder durch einfache Übermittlung des URL der betreffenden WWW-Seite oder anhand des URL plus einer Kurzbeschreibung von Thema und Inhalt des darüber erreichbaren Dokuments.

Prinzipiell sind zwei verschiedene Typen von Suchdiensten zu unterschieden:

Web-Kataloge

- *Manuell betreute Suchdienste (Web-Kataloge):* Charakteristisch für diese Suchdienste ist, dass die Aufnahme neuer Seiten und deren Einordnung in die Datenbank von einer (menschlichen) Redaktion vorgenommen wird, die neu angemeldete WWW-Seiten besucht und anschließend nach bestimmten Kriterien klassifiziert und in eine thematisch orientierte Kategorie einordnet. Wie elaboriert das Kategorienraster und die Differenziertheit der vorgesehenen Themenbereiche ist, ist von Katalog zu Katalog und je nach dem Grundkonzept der jeweiligen Redaktion unterschiedlich. Das Beispiel in Bild 5.5 zeigt die Einordnung der Website des „Hong Kong Institute of Marketing" im internationalen Katalog des Suchdienstes YAHOO! und demonstriert zugleich die Effizienz von Web-Katalogen bei der gezielten Informationssuche: Da die Kategorisierung der verfügbaren WWW-Seiten sowohl thematisch als auch über mehrere Hierarchieebenen erfolgt, wird die Anzahl der Treffer, die ein Informationssuchender zusammengestellt bekommt, immer kompakter und überschaubarer, je weiter er seinen Interessenbereich durch Auswahl spezieller und speziellster Kategorien eingrenzt. Während im Beispiel die übergeordnete Kategorie „Business&Economy" insgesamt über eine halbe Million WWW-Seiten enthält, finden sich zwei Hierarchieebenen tiefer in der Kategorie „Institutes" nur noch überschaubare 24 Treffer für infrage kommende Angebote.

Bild 5.4: Das Formular zum Anmelden eigener WWW-Angebote bei YAHOO! (Ausschnitt)

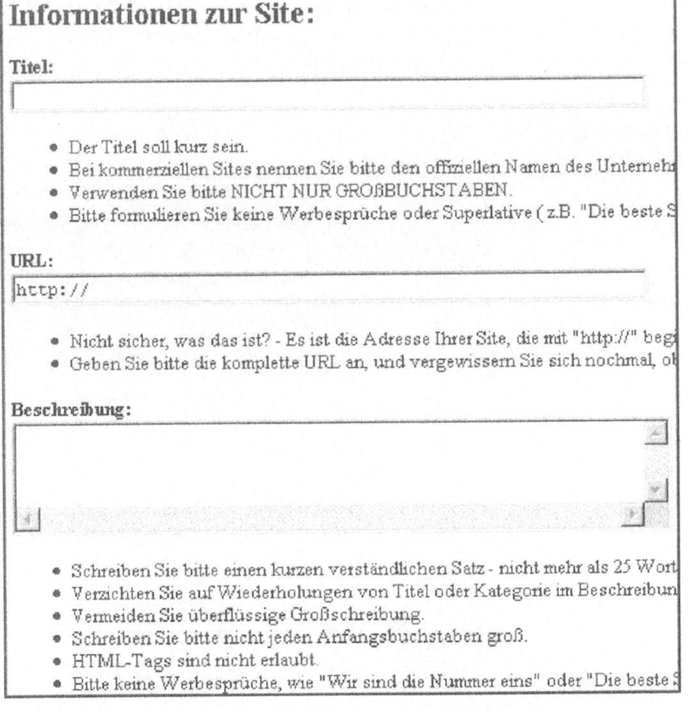

Informationen zur Site:

Titel:

- Der Titel soll kurz sein.
- Bei kommerziellen Sites nennen Sie bitte den offiziellen Namen des Unterneh
- Verwenden Sie bitte NICHT NUR GROßBUCHSTABEN.
- Bitte formulieren Sie keine Werbesprüche oder Superlative (z.B. "Die beste S

URL:

http://

- Nicht sicher, was das ist? - Es ist die Adresse Ihrer Site, die mit "http://" beg
- Geben Sie bitte die komplette URL an, und vergewissern Sie sich nochmal, ob

Beschreibung:

- Schreiben Sie bitte einen kurzen verständlichen Satz - nicht mehr als 25 Wort
- Verzichten Sie auf Wiederholungen von Titel oder Kategorie im Beschreibun
- Vermeiden Sie überflüssige Großschreibung.
- Schreiben Sie bitte nicht jeden Anfangsbuchstaben groß.
- HTML-Tags sind nicht erlaubt.
- Bitte keine Werbesprüche, wie "Wir sind die Nummer eins" oder "Die beste S

Such*maschinen*

- *Volltextsuchmaschinen (Crawler-Indizes):* Bei Suchdiensten diesen Typs ist die menschliche (subjektiv klassifizierende) Redaktion durch voll automatisierte Suchprogramme (so genannte „robots", „crawler" oder „Webspinnen") ersetzt, die unermüdlich das Netz nach neu hinzugekommenen Seiten durchforsten. Die Klassifizierungsstrategie, die diese Programme verfolgen, stützt sich auf Algorithmen, anhand derer Inhalt und Gegenstand einer WWW-Seite hinsichtlich der Frequenz bestimmter Schlüsselwörter ermittelt werden soll. Letztlich jedoch indizieren die „Crawler" bei einer neu aufgefundenen Seite den kompletten Volltext, d.h. jedes im Text der Seite auftauchende Wort. Häufiger auftauchenden Wörtern wird dabei eine höhere Relevanz für den Inhalt der jeweiligen Seite beigemessen als nur einzeln auftauchenden Wörtern. Sucht man in einer Suchmaschine (wie beispielsweise ALTA VISTA) etwa nach dem Stichwort „Thomas Mann", so erhält man mehrere Tausend Treffer, von denen allerdings diejenigen als erste aufgeführt werden, denen das Programm auf der Grundlage seiner Berechnungen die größte Relevanz beimisst. Trotzdem sind die Suchergebnisse solcher Programme oftmals ebenso unbefriedigend wie umfangreich.

Bild 5.5: Aufbau eines Web-Katalogs am Beispiel YAHOO!

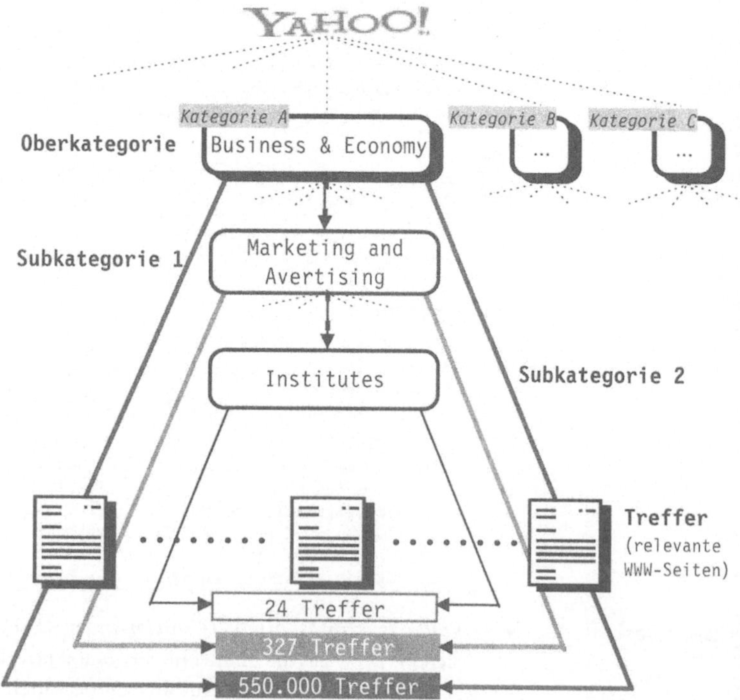

Bild 5.6: Die Suchmaschine ALTA VISTA

„Meta-Tagging"

Als Autor ist man natürlich darum bestrebt, dass möglichst viele Interessierte vom eigenen Online-Angebot Kenntnis erhalten. Bei Volltext-Suchmaschinen scheint dies jedoch gar nicht so einfach zu sein, selbst wenn die eigenen Seiten dem Programm bekannt sind. Denn was nützt es, mit der Hypertext-Version einer Diplomarbeit zum Thema Mikroökonomie unter den Treffern zum Suchwort „Volkswirtschaftslehre" aufgeführt zu werden, wenn man in der Liste dieser Treffer erst an vierhunderster Stelle erscheint! – Aus diesem Grunde empfiehlt es sich, im Quelltext der eigenen Seiten so genannte „Meta-Tags" zu setzen, anhand derer sich „keywords" definieren lassen, die von der Mehrzahl der Crawler bei der Indizierung von WWW-Seiten mit berücksichtigt werden. Sind diese „keywords" sinnvoll gewählt, so kann dies unter Umständen Auswirkungen auf die Positionierung der betreffenden Seite im Treffer-„Listing" der entsprechenden Suchmaschine haben.

Meta-Tags werden grundsätzlich in den Header (*<HEAD>...</HEAD>*) eines HTML-Dokuments geschrieben, da ihr Inhalt nicht für die Anzeige im Browser, sondern lediglich als Information für die Crawler vorgesehen ist. Neben den „keywords" lassen sich darin auch noch Angaben zum Autor, zum Erstellungsdatum und eine Kurzbeschreibung des Seiteninhalts unterbringen.

Der Header eines HTML-Dokuments über Thomas Manns 'Buddenbrooks'-Roman könnte beispielsweise wie folgt aussehen:

„Keywords" und Meta-Tags im Header einer HTML-Datei

```
<HEAD>
   <META name="description" content="Diese Seite
   enthält einen Überblick über die Erzählstruktur
   und die Leitmotive in Thomas Manns
   'Buddenbrooks'">
   <META name="author" content="Michael Beißwenger">
   <META name="keywords" content="Thomas Mann,
   Literatur, Buddenbrooks, Nietzsche, Schopenhauer,
   Richard Wagner, Lübeck">
   <META name="date" content="1998-08-04">
   <META ...>
</HEAD>
```

Die „keywords" stellen hierbei Vorschläge an die Crawler dar, bei welchen Stichworten in einer Suchanfrage die betreffende Seite gelistet werden soll. Erfahrungsgemäß fällt das Listing für eine Seite besser aus, wenn die „keywords" zusätzlich im Titel und/oder im Anzeigetext der besagten Seite auftauchen. Exakte Hinweise zur bestmöglichen Formulierung von „keywords" in Form von „Faustregeln" lassen sich aber nicht angeben, da die Betreiber von Suchmaschinen ihre jeweiligen Indizierungsalgorithmen als Betriebsgeheimnisse behandeln, um einem Missbrauch ihrer Dienste entgegenzuwirken.

Anmeldung bei Linksammlungen

Neben der Anmeldung bei Suchdiensten bietet es sich – gerade für wissenschaftliche Arbeiten – an, sich im Netz auch nach thematisch ausgerichteten Linksammlungen umzusehen. Mittlerweile gibt es für so gut wie alle Fachgebiete umfangreiche Listen, auf welchen Online-Ressourcen zu einzelnen Themen zusammengetragen sind. Solche Linklisten sind im Grunde nicht anders organisiert als Web-Kataloge, nur mit dem Unterschied, dass sie sich auf einen einzigen Themenbereich beschränken und nicht von sich behaupten, das gesamte WWW recherchierbar zu machen. In Einzelfällen können diese Listen aber recht umfangreich sein, so dass die in ihnen dargebotenen Links – ebenfalls wie bei den Web-Katalogen – in verschiedene Kategorien geordnet sind.

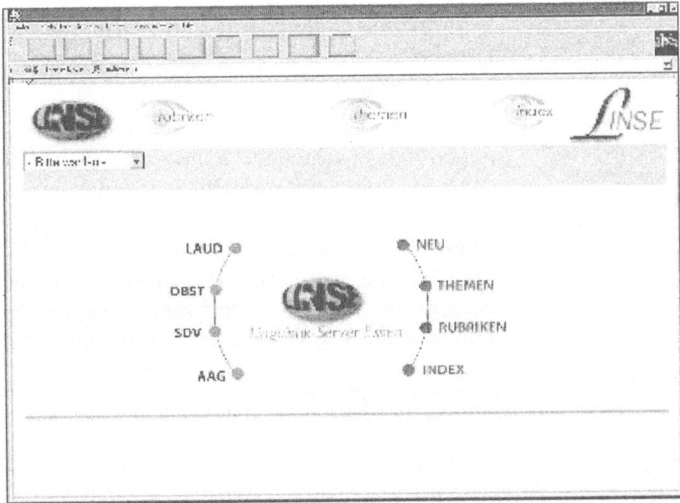

Bild 5.7: LINSE – Eine Linksammlung zur Linguistik und Sprachwissenschaft (Startseite)

Bild 5.8: Zugriff über Stichwortsuche oder Kategorien beim „Nachrichtendienst für Historiker"

Die Bilder 5.7 und 5.8 zeigen zwei Beispiele für solche fachlich ausgerichteten Link- bzw. Ressourcensammlungen. Da beide recht umfangreich sind, erfolgt der Zugriff auf die aufgenommenen Ressourcen über mehrere Ebenen von Hierarchien. Zudem bieten aufwändig ausgebaute Linksammlungen oft neben Verweisen auf themenrelevante Ressourcen noch weitere Serviceangebote wie z.B. Buchrezensionen, aktuelle Ankündigungen oder Diskussionsforen. Die Aufnahme in eine solche Linksammlung kann mitunter – je nach deren Bekanntheitsgrad und Besucherfrequenz – die Anzahl der Zugriffe auf das eigene Angebot erheblich steigern.

Zugriffszähler zur Kontrolle des Publikumsverkehrs auf den eigenen Seiten

Um die Anzahl der Besuche auf den eigenen WWW-Seiten verfolgen zu können, kann überdies der Dienst eines „Webcounters" in Anspruch genommen werden, der jeden Zugriff auf ein bestimmtes Dokument zählt und dessen Stand Sie jederzeit einsehen und abfragen können. Auf Wunsch lässt sich der jeweilige Stand auch in Form einer Grafik direkt in das Dokument einbinden. Zugriffszähler werden von verschiedenen Anbietern im WWW gratis zur Verfügung gestellt.

Literatur in Auswahl

Beißwenger, Michael: *Kommunikation in virtuellen Welten: Sprache, Text und Wirklichkeit*. Stuttgart: ibidem 2000.

Bucher, Hans-Jürgen: *Die Zeitung als Hypertext. Verstehensprobleme und Gestaltungsprinzipien für Online-Zeitungen*. In: Henning Lobin (Hrsg.): *Text im digitalen Medium. Linguistische Aspekte von Textdesign, Texttechnologie und Hypertext Engineering*. Opladen. Wiesbaden: Westdeutscher Verlag 1999, 9–32.

Frisch, Elisabeth: *Ausgewählte Aspekte des Publizierens im WWW am Beispiel elektronischer Fachzeitschriften*. In: Angelika Storrer/Bettina Harriehausen (Hrsg.): *Hypermedia für Lexikon und Grammatik*. Tübingen 1998 (Studien zur deutschen Sprache 12), 217–231.

Klostermann, Vittorio: *Text und Hypertext. Das Buch in der Konkurrenz mit den Online-Medien*. In: Uwe Jochum/Gerhard Wagner (Hrsg.): *Am Ende – das Buch. Semiotische und soziale Aspekte des Internet*. Konstanz: UVK Universitätsverlag 1998, 83–102.

Kuhlen, Rainer: *Hypertext. Ein nicht-lineares Medium zwischen Buch und Wissensbank*. Berlin. Heidelberg. New York: Springer 1991.

Martiné, Andrea: *Die Metaphorik der Benutzerschnittstelle Mensch–Computer. Metapherneinsatz in der User-Interface-Gestaltung/Netscape Navigator versus Microsoft Internet-Explorer – ein Vergleich*. Magisterarbeit. Universität Heidelberg 1999.

Nielsen, Jakob: *Multimedia and Hypertext. The Internet and Beyond*. Orlando: Academic Press 1995.

Schröder, Bernhard/Jens Ostermann-Heimig; *Kants Werke als Hypertext*. In: Angelika Storrer/Bettina Harriehausen (Hrsg.): *Hypermedia für Lexikon und Grammatik*. Tübingen 1998 (Studien zur deutschen Sprache 12), 233–246.

Storrer, Angelika: *Kohärenz in Text und Hypertext*. In: Henning Lobin (Hrsg.): *Text im digitalen Medium. Linguistische Aspekte* *von Textdesign, Texttechnologie und Hypertext Engineering.* Opladen. Wiesbaden: Westdeutscher Verlag 1999, 33–65.

Storrer, Angelika: *Was ist „hyper“ am Hypertext?* In: Werner Kallmeyer (Hrsg.): *Sprache und neue Medien. Jahrbuch des Instituts für deutsche Sprache 1999.* Berlin. New York: de Gruyter 2000, 222–249. [Download im WWW unter http://www.ids-mannheim.de/grammis/storrer/publik.html].

Storrer, Angelika: *Was ist eigentlich eine Homepage? Neue Formen der Wissensorganisation im World Wide Web.* In: *Sprachreport* 1. 1999, 2–8 [Online-Version: http://www.ids-mannheim.de/grammis/storrer/homepage.html].

Storrer, Angelika: *Schreiben, um besucht zu werden: Textgestaltung fürs World Wide Web.* In: Hans-Jürgen Bucher/Ulrich Püschel (Hrsg.): *Die Zeitung zwischen Print und Digitalisierung.* Opladen. Wiesbaden: Westdeutscher Verlag 2000 [in Vorbereitung; Download im WWW unter http://www.ids-mannheim.de/grammis/storrer/publik.html].

Storrer, Angelika: *Schriftverkehr auf der Datenautobahn. Besonderheiten der schriftlichen Kommunikation im Internet.* In: Klaus Boehnke (Hrsg.): *Neue Medien im Alltag: Begriffsbestimmungen eines interdisziplinären Forschungsfeldes.* Leverkusen: Leske&Budrich 2000 [in Vorbereitung; Download im WWW unter http://www.ids-mannheim.de/grammis/storrer/publik.html].

Tanenbaum, Andrew S.: *Computernetzwerke.* 3., revidierte Auflage. London. Mexiko. New York. Singapur. Sydney. Toronto: Prentice Hall 1998.

Todesco, Rolf: *Effiziente Informationseinheiten im Hypertext.* In: Angelika Storrer/Bettina Harriehausen (Hrsg.): *Hypermedia für Lexikon und Grammatik.*. Tübingen 1998 (Studien zur deutschen Sprache 12), 265–275.

Vogt, Sylvia: *Referenz und Hypertext.* Magisterarbeit. Universität Heidelberg 1999.

Stichwortverzeichnis

Dieses Verzeichnis enthält neben signifikanten Ausdrücken auch die im Buch beschriebenen HTML-Elemente. Diese sind durch Kursivierung hervorgehoben (z.B. *TABLE*). Produkt- und Firmennamen sind in Kapitälchen gesetzt (z.B. HOME SITE, MICROSOFT).

A

B

C

I

J

K

L

M

N

O

P

Q

R

S

T

U

V

Weitere Titel aus dem Programm

Dietmar Herrmann
Effektiv Programmieren in C und C++
Eine aktuelle Einführung mit Beispielen aus Mathematik, Naturwissenschaften und Technik
4., akt. u. erw. Aufl. 1999. 492 S. Br. DM 52,00 ISBN 3-528-34655-8
Datentypen - Kontrollstrukturen - Funktionen - Programmierprinzipien - Einführung in OOP - Von C nach C++ - Arbeiten mit der Standard Template Library

Roland Schneider
Prozedurale Programmierung
Grundlagen der Programmkonstruktion
2000. ca. 280 S. mit 250 Abb. Geb. ca. DM 39,90 ISBN 3-528-05653-3
Die vier Programm-Modelle - Einphasen- und Mehrphasenprogramme - Stapelverarbeitungsprogramme - Dialogprogramme als Mehrphasenprogramme

Paul Alpar, Heinz Lothar Grob, Peter Weimann, Robert Winter
Anwendungsorientierte Wirtschaftsinformatik
Eine Einführung in die strategische Planung, Entwicklung und Nutzung von Informations- und Kommunikationssystemen
2., überarb. Aufl. 2000. 448 S. Br. DM 49,80 ISBN 3-528-15656-2
Informations- und Kommunikationssysteme (IKS) in Unternehmen - Informationsmanagement und Controlling der Informationsverarbeitung - Betriebliche Anwendungssysteme - Vorgehensmodelle, Methoden und Werkzeuge zur Systemplanung und -entwicklung - Rechner-, Netz- und Softwarearchitekturen - Client-Server-Architekturen - objektorientierte Datenbanken

Abraham-Lincoln-Straße 46
65189 Wiesbaden
Fax 0611.7878-400
www.vieweg.de

Stand 1.4.2000
Änderungen vorbehalten.
Erhältlich im Buchhandel oder im Verlag.